工业和信息化部"十四五"规划教材

系统工程方法与应用

（第2版）

◆ 周德群　丁　浩　主编

◆ 章　玲　王群伟　吴　菲　副主编

电子工业出版社

Publishing House of Electronics Industry

北京·BEIJING

内 容 简 介

本书介绍了系统的一般理论、系统环境分析、系统功能分析、系统分析方法、系统建模理论与方法、系统仿真、系统结构建模与仿真、系统评价与决策，在内容上既反映出系统工程所具有的综合性特点，又注意与其他课程的联系与分工，特别是避免与运筹学、预测决策理论等课程产生不必要的交叉。本书突出系统工程学科交叉性的特色，内容编排层次清晰、结构合理；突出理论的先进性，反映系统工程领域的新研究成果，强调理论阐述以问题为导向、紧密联系实际；突出理论的实用性，理论源于实践，反映实践，并为实践服务，强调理论是实践知识的升华。

本书适合作为高等学校管理工程、系统工程和经济学等专业相关课程的教材，也可供感兴趣的读者和相关研究人员学习参考。

图书在版编目（CIP）数据

系统工程方法与应用 / 周德群，丁浩主编. —2 版. —北京：电子工业出版社，2023.11
ISBN 978-7-121-46600-7

Ⅰ. ①系… Ⅱ. ①周… ②丁… Ⅲ. ①系统工程 Ⅳ. ①N945

中国国家版本馆 CIP 数据核字（2023）第 214159 号

责任编辑：戴晨辰
印　　刷：三河市华成印务有限公司
装　　订：三河市华成印务有限公司
出版发行：电子工业出版社
　　　　　北京市海淀区万寿路 173 信箱　　　　　邮编：100036
开　　本：787×1092　　1/16　　印张：13　　字数：292 千字
版　　次：2015 年 4 月第 1 版
　　　　　2023 年 11 月第 2 版
印　　次：2023 年 11 月第 1 次印刷
定　　价：59.00 元

凡所购买电子工业出版社图书有缺损问题，请向购买书店调换。若书店售缺，请与本社发行部联系，联系及邮购电话：（010）88254888，88258888。

质量投诉请发邮件至 zlts@phei.com.cn，盗版侵权举报请发邮件至 dbqq@phei.com.cn。

本书咨询联系方式：dcc@phei.com.cn。

作者简介

　　周德群，1963 年 8 月出生，江苏盐城人，工学博士，现任南京航空航天大学二级教授、经济与管理学院院长、博士生导师，是江苏高校哲学社会科学重点研究基地"能源软科学研究中心"主任、江苏高校哲学社会科学优秀创新团队"能源环境经济与政策"带头人、工信智库"低碳发展研究院"负责人。

　　周德群教授还兼任教育部高等学校工业工程类专业教学指导委员会副主任委员、中国优选法统筹法与经济数学研究会理事、中国"双法"研究会能源经济与管理研究分会副理事长、中国管理科学与工程学会常务理事、全国哲学社会科学学科评审组专家、江苏省系统科学研究会副会长、江苏省机械工程学会工业工程专业委员会主任委员等，曾获得过江苏省有突出贡献中青年专家、江苏省"333高层次人才培养工程"中青年科技领军人才、江苏高校"青蓝工程"中青年学术带头人、江苏省优秀哲学社会科学工作者等荣誉称号。

　　周德群教授长期从事管理科学与工程、系统工程、能源经济与管理等领域的教学与研究工作，是国家哲学社会科学基金重大项目的首席专家，主持并参与过国家自然科学基金项目 6 项，以及国家软科学基金项目、教育部人文社会科学基金项目、教育部博士点基金项目等重要课题 20 余项。周德群教授曾在 *Energy Policy*、*Energy Economics*、*Applied Energy*、《管理科学学报》、《系统工程理论与实践》、《中国管理科学》、《中国工业经济》等学术刊物上发表过论文 250 余篇，出版过《中国战略石油储备研究》、《中国能源效率研究》、《能源软科学研究进展》、《低碳发展政策：国际经验与中国策略》和《系统工程概论》等多部著作及教材，其研究成果被同行引用超过 400 次，曾获得过江苏省哲学社会科学优秀成果奖一等奖、教育部高等学校科学研究优秀成果奖（人文社会科学）二等奖、教育部高等学校科学研究优秀成果奖（自然科学）二等奖、江苏省科学技术奖三等奖、国家统计局科技进步奖、江苏省教学成果奖（高等教育类）一等奖等多项奖励。

前 言

　　系统工程学科是一门专注于解决社会活动中的复杂问题,实现系统最优化的高度综合性学科,它经历了半个多世纪的发展,已经成为人类解决社会活动中复杂问题的有力工具,并推动了人类社会文明的进步和发展。

　　随着科学技术发展,企业之间的竞争日渐激烈,面对社会、经济及环境的变化,人类迫切需要以系统的观点和分析方法来合理安排生产及消费活动,以实现社会、经济、环境、人口及资源的全面协调与可持续发展。随着人类活动的复杂性越来越高,解决复杂问题的要求越来越强烈,系统工程在复杂系统分析、设计和实施等方面越来越发挥其独特的理论作用。因此,系统工程学科迈进一个新的发展阶段。

　　我国的系统工程理论研究和实践应用始于 20 世纪 60 年代,积累了一系列丰富的理论研究和实践应用成果。1980 年,钱学森等 21 位专家共同成立了中国系统工程学会,使中国的系统工程研究进入一个新的发展阶段,团结了广大系统科学和系统工程科技工作者,促进了系统工程学科知识的推广与普及和系统工程人才的成长与能力提高,提高了中国宏微观管理技术水平,为中国的经济社会活动提供了有效的解决复杂问题的途径。

　　多年来,系统工程在高校及广大研究学者间得到广泛重视,各类学科也相继开设了与系统工程有关的教学课程,因此一本全面体现系统工程精髓的教材对培养专业学位研究生是非常重要的。本书在搜集国内外最新资料的基础上,克服一般教科书重理论、轻实践的问题,对系统工程的内容进行了深入浅出的介绍,通过实例反映系统工程的实践操作过程,旨在做到让广大读者轻松、全面地了解并学习系统工程相关知识。

　　全书共分为 8 章。

　　第 1 章介绍系统的概念与特性、系统的分类、系统工程的产生与发展、系统工程的定义与特征及系统工程的研究对象等。

　　第 2 章进行系统环境分析,明确系统环境的边界,对系统环境的主要内容进行分类,并总结系统环境的分析方法。

　　第 3 章介绍系统结构与系统功能、系统结构与系统功能之间的关系、系统功能分类及系统功能分析方法等。

　　第 4 章介绍系统分析的内容、程序与原则,问题与潜在问题分析技术,以及目标的系统分析等。

第 5 章介绍系统建模理论与方法，包括建模在系统分析中的作用、模型的分类、几种常用的建模工具和经济数学模型等。

第 6 章介绍系统仿真，包括系统仿真概论、系统仿真的建模过程、离散系统仿真、连续系统仿真及系统动力学等。

第 7 章介绍系统结构建模与仿真，包括系统结构及其表述，以及两种常见的系统结构建模方法，即 DEMATEL 方法和 ISM 方法。

第 8 章介绍系统评价与决策理论，包括系统评价与决策原理、系统评价指标体系的构建、评价指标的权重及决策分析。

本书包含配套教学资源，读者可登录华信教育资源网（www.hxedu.com.cn）下载。

本书的第 1 章、第 3 章、第 5 章由周德群和丁浩执笔，第 2 章、第 4 章由王群伟和葛世龙执笔，第 6 章由张力菠执笔，第 7 章、第 8 章由章玲和吴菲执笔。此外，赵斯琪、葛灵钰、张一宁、杨金波参与了本书相关案例的整理、文字校对和排版等工作。

由于编者水平有限，书中难免存在不足之处，敬请广大读者指正。

编　者

目 录

第1章 系统的一般理论

本章提要

本章主要介绍系统的概念与特性、系统的分类及系统工程的产生与发展。通过本章的学习，读者应掌握本学科的基本概念。

导入案例

耳熟能详的词汇

建立和完善社会主义市场经济体制，是一个长期发展的过程，是一项艰巨复杂的社会系统工程。（1992年10月12日江泽民在中国共产党第十四次全国代表大会上的报告）

从社会系统的整体性和层次性出发，和谐社会的建设是一个系统工程。它一方面是广义的和谐社会的建设，着眼于社会大系统的整体性，要在经济、政治、文化和社会建设等方面统筹考虑，为此，要正确处理社会主义物质文明、政治文明、精神文明与和谐社会建设的关系。另一方面是狭义的和谐社会建设，即社会子系统的良性运行。（2005年4月13日《光明日报》）

培养造就创新型科技人才是一个系统工程，需要各级党委和政府、有关部门、高等院校、科研院所以及全社会的共同努力。（2006年9月20日《人民日报》）

建设新农村是一个系统工程。要坚持"以人为本"的科学发展观，坚持一切从实际出发，因地制宜，稳步推进，切忌"一口吃个胖子"；同时，也不要"生搬硬套"和"照搬照套"；更要极力反对搞"盲目攀比"和"一阵风"的"短期行为"。（2006年1月8日新浪网）

灾后重建是一项系统工程，不仅要考虑近期的需要，还要有长远的发展；不仅需要相关部门参与，更需要动员民众、群策群力。只有这样，通过科学长远的规划和脚踏实地的建设，灾区重建才能得到均衡全面的发展。（2008年6月3日《人民日报》）

两会上，不少代表委员在讨论中认为，食品安全是系统工程，需要系统治理。根据提交审议的国务院机构改革和职能转变方案，新组建国家食品药品监督管理总局，对生产、流通、消费环节的食品安全实施统一监管。职能由分散到集中，有利于实现全程无缝监管，为餐桌安全保驾护航。（2013年3月12日《人民日报》）

"十四五"时期经济社会发展必须遵循坚持系统观念的原则。党的十八大以来，党中央坚持系统谋划、统筹推进党和国家各项事业，根据新的实践需要，形成一系列新布局和新方略，带领全党全国各族人民取得了历史性成就。在这个过程中，系统观念是具有基础性的思想和工作方法。（2020年11月3日新华社）

1.1 系统的概念与特性

1.1.1 系统的概念

统"是整个系统科学中最基本的概念。"系统"一词最早出现在古希腊语中，"synhistanai"一词原意是事物中共性部分和每个事物应占据的位置，也就是部分组成整体的意思。一些近代科学家和哲学家常用"系统"一词来表示复杂的、具有一定结构的对象，如天体系统、人体系统等。从字面上看，"系"指关系、联系，"统"指有机统一，"系统"则指有机联系和统一。美籍奥地利生物学家路德维希·冯·贝塔朗菲（Ludwing von Bertalanffy）于1937年第一次将系统作为一个重要的科学概念予以研究，他认为系统的定义可以确定为处于一定相互关系中并与环境发生关系的各组成部分的总体。系统的定义依照学科的不同、待解决问题的不同及使用方法的不同而有所区别。国外关于系统的定义已有40余种，主流的有以下几种。

R. 吉布松定义系统是"互相作用的诸元素的整体化总和，其使命在于以协作方式来完成预定的功能"。

B. H. 萨多夫斯基认为系统是"互相联系着并形成某种整体性统一体的诸元素按一定方式有秩序地排列在一起的集合"。

N.B.布拉乌别尔格、B.H.萨多夫斯基和尤金指出，从系统的整体性出发，可以从性质方面通过下列特征给系统的概念下定义：① 系统是由相互联系的诸元素组成的整体性复合体；② 系统与环境组成特殊的统一体；③ 任何被研究的系统通常都是更高一级系统的元素；④ 任何被研究的系统的元素通常都作为更低一级系统。

《韦氏大辞典》中解释系统为"有组织的或被组织化的整体，结合构成整体所形成的各种概念和原理的综合，以有规则的相互作用和相互依存的形式结合起来的诸要素的集合，等等"。

日本工业标准（Japanese Industrial Standards，JIS）定义系统为"许多组成要素保持有机的秩序，向同一目标行动的事物"。

我国的学者也对系统的概念提出了许多自己的看法。

一位学者认为"系统是有生命或无生命的本质或事物的集中，这个集中接收某种输入，并按照这种输入来活动以生成某种输出，同时力求使一定的输入和输出功能最大化"。

学者常绍舜认为"系统是指由一定部分（要素）组成的具有一定层次和结构并与环境发生关系的整体"。

综上所述，系统的概念同任何其他认识范畴一样，描述的是一种理想的客体，而这种客体在形式上表现为诸要素的集合。

我国系统科学界对"系统"一词较通用的定义是，系统是由相互作用和相互依赖的若干组成部分（要素）结合而成的、具有特定功能的有机整体。依据此定义可以看出，系统必须具备以下三个条件。

第一，系统必须由两个或两个以上的要素（或部分、元素、子系统）所组成，要素是构成系统最基本的单位，因而也是系统存在的基础和实际载体，系统离开了要素就不能称为系统。

第二，要素与要素之间存在着一定的有机联系，从而在系统的内部和外部形成一定的结构或秩序，任何一个系统又是它所从属的一个更大系统的组成部分（要素），因此系统整体与要素、要素与要素、系统与环境之间存在着相互作用和相互联系的机制。

第三，任何系统都有特定的功能，这是系统整体具有的不同于各个组成要素的新功能，这种新功能是由系统内部的有机联系和结构所决定的。

1.1.2 系统的特性

1. 系统的整体性

系统作为若干要素的集合体，其本质特性就是具有整体性。所谓整体性包括两方面的含义。一方面是指系统内部的不可分割性。如果把系统的各个组成部分分割开来，系统就无法存在。例如，一架飞机能作为一个系统在于它是一个由各个部件紧密联系而组成的整体，若把各个部件拆开，则这架飞机也就不存在了。社会组织系统也是如此，它的整体性在于各组织成员之间的密切联系、相互配合，如果各组织成员独自行事、互不联系，那么该社会组织系统名存实亡。另一方面是指系统内部的关联性。系统内部任何一个要素的改变都会引起其他要素的变化，如人体某一器官的病变可能会引起其他器官的损伤。

整体性在系统中的地位是至关重要的。首先，整体是系统的核心。任何系统都是在整体的基础上形成的，无整体则无系统，抛弃了整体性也就抛弃了系统性。其次，整体性变化会导致系统性能的改变。由于整体性是系统的核心属性，因此整体性一旦变化必然引起整个系统性能的改变。

系统的整体性原则对于实际管理工作有着重要的指导意义，其主要作用表现在以下几方面。首先，依据确定的管理目标，从管理的整体出发把各个要素组成一个有机的系统，协调并统一管理诸要素的功能，使系统功能产生放大效应，发挥出管理系统的整体优化功能。其次，把不断提高组成要素的功能作为改善管理系统整体功能的基础，从提高组成要素的基本素质入手，按照管理系统整体目标的要求，不断提高各个部门特别是关键部门或薄弱部门的功能，并强调局部服从整体，从而实现管理系统的最佳整体功能。最后，改善和提高管理系统的整体功能，不仅要注重发挥各个组成要素的功能，而且要调整要素的组织形式，建立合理的结构，促使管理系统整体功能得到优化。

2．系统的相关性

整体性确定系统的组成要素，相关性则说明这些组成要素之间的关系。系统中任一要素与该系统中的其他要素是相互关联又相互制约的，如果某一要素发生了变化，则与之相关联的要素也要相应地改变和调整，以保持系统整体的最佳状态。

贝塔朗菲用一组联立微分方程描述了系统的相关性：

$$\begin{cases} \dfrac{\mathrm{d}Q_1}{\mathrm{d}t} = f_1\left(Q_1, Q_2, \cdots, Q_n\right) \\ \dfrac{\mathrm{d}Q_2}{\mathrm{d}t} = f_2\left(Q_1, Q_2, \cdots, Q_n\right) \\ \cdots\cdots \\ \dfrac{\mathrm{d}Q_n}{\mathrm{d}t} = f_n\left(Q_1, Q_2, \cdots, Q_n\right) \end{cases}$$

式中，$Q_1, Q_2, \cdots, Q_n$ —— n 个要素的特征；

　　　t ——时间；

　　　$f_1, f_2, \cdots, f_n$ ——相应的函数关系。

该方程表明，系统任一要素随时间的变化是系统所有要素的函数，即任一要素的变化都会引起其他要素的变化，从而引起整个系统的变化。

系统的相关性原则对于实际管理工作的指导意义在于以下几方面。

当我们想要改变组织系统中某些不合要求的要素时，必须注意考察与之相关联的要素的影响程度，抓住其中主要的相关要素，使这些相关要素发生相应的变化，从而提高组织系统的整体功能。

组织系统内部诸要素之间的相关性不是静态的，而是动态的，必须把组织系统视为动态系统，在动态中认识和把握组织系统的整体性，在动态中协调要素与要素、要素与系统整体的关系，在把握各个要素的运动变化的同时，有效地进行组织调节和控制，以实现最佳效益。

组织系统的组成要素包括系统层次间的纵向相关和各组成要素之间的横向相关，只有协调好各个要素之间的纵向相关和横向相关，才能实现组织系统的整体功能最优。

3．系统的综合性

所谓综合性，是指任何系统都不是由单一要素、单一层次、单一结构、单一环境因素和单一功能构成的总体，而是由不同质的要素、层次、结构、环境因素和功能构成的总体。因此，系统的综合性主要表现为五种情况，即不同要素的综合、不同层次的综合、不同结构的综合、不同环境因素的综合和不同功能的综合。

系统虽然都有综合性，但其综合程度并不一样，有些系统综合程度较高，有些系统综合程度较低。

实践表明，系统综合程度不同，其功能也会有差别。一般而言，系统综合程度越高，系统生命力就越强，系统功能就越强。例如，在自然界中，杂食动物比单食动物的生命力要强些，其适应环境的能力也更强；杂交作物比一般纯种作物的生长要旺盛些，其抗病虫害能力也更强。在人类社会中也是这样，如多兵种联合作战比单兵种作战取胜的可能性要大些，一个国家的实力也往往通过综合国力评价。

4. 系统的层次性

所谓层次，通常是指构成系统的要素之间按照整体与部分的构成关系而形成的不同质态的分系统及其排列次序。一个复杂的系统通常包含许多层次，上、下层次之间具有包含与被包含或控制与被控制的关系。一个系统可以分为若干个子系统，子系统又可以分为更小的子系统直至要素，每个系统往往又隶属于一个更大的系统。

图 1-1 所示为企业管理系统的层次。从纵向上看，企业管理系统可以划分为战略计划层（高层）、经营管理层（中层）和作业（业务）层（基层），每个层次也可以作为一个子系统来研究，而大企业的中层又可以分为若干个层次，从而构成一座"金字塔"。从横向上看，企业管理系统可以划分为若干职能部门，如生产部门、销售部门、财务部门和人事部门等，每个职能部门也可以作为一个子系统来研究。

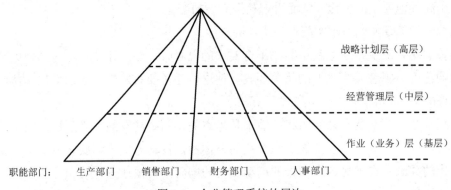

图 1-1　企业管理系统的层次

5. 系统的目的性

目的是指人们在行动中所要达到或实现的结果和意愿。人造系统是具有目的性的，系统的目的性是人们根据实践的需要而确定的，而且系统的目的性通常不是单一的，一般的系统都具有多个目的。例如，在限定的资源和现有职能部门的配合下，企业的经营管理系统的目的就是完成或超额完成生产经营计划，达到规定的质量、品种、成本、利润等指标要求，其目的是多方面指标要求的综合。

复杂系统通常是具有多目的和多方案的，当组织规划这个错综复杂的大系统时，为了使目的明确化、条理化，常采用图解方式来描述目的与目的之间的相互关系，这种图解方式称为目的树，如图 1-2 所示。

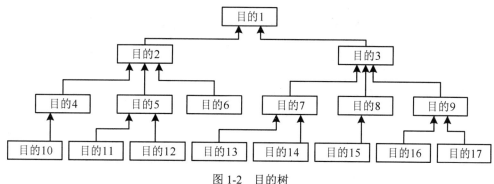

图1-2　目的树

从图1-2中可以看出，要达到目的1，必须达到目的2和目的3；要达到目的2，必须达到目的4、目的5和目的6。以此类推，形成了一个增幅放大的属性结构。从图1-2中可以明显地看到一个复杂系统内所包括的各个目的，即目的1到目的17，层次鲜明，次序明确，各个目的相互影响而又相互制约。通过图解方式可对各个目的进行分析、探讨及统一规划和协调。系统的目的性要求人们正确地确定系统的目标，从而运用各种调节手段把系统导向预定的目标，以达到系统整体功能最优的目的。

6．系统的环境适应性

任何系统都存在于一定的环境中，在系统与环境之间具有物质、能量和信息的交换。环境的变化必定会对系统及其要素产生影响，从而引起系统及其要素的变化。系统要获得生存与发展，必须适应环境的变化，这就是系统的环境适应性。系统必须适应环境，同要素必须适应系统一样。这就要求我们在研究系统时必须放宽研究范围，不但要看到系统本身，还要看到系统的环境。

总之，系统这个概念的含义十分丰富，它与要素相对应，意味着总体与全局；它与孤立相对应，意味着各种关系与联系；它与混乱相对应，意味着秩序与规律；它与环境相对应，意味着"适者生存"。研究系统，意味着从系统与环境的关系上、从事物的总体与全局上、从要素的联系与结合上去研究事物的运动与发展，找出其固有的规律，建立正常的秩序，在客观条件的许可下实现整个系统功能的优化。

1.2　系统的分类

1.2.1　按自然属性分类

系统按自然属性可分为自然系统和社会系统，其中社会系统也称为人造系统。自然系统是自然形成的，其构成要素是自然物和自然现象，如太阳系、海洋、原始森林等。与自然系统不同，社会系统的构成要素是在人的参与下形成的，具有人为的目的性和组织性。社会系统按其研究对象又可分为经济系统、教育系统、交通系统等。其中，经济系统又可进一步细分为工业系统、农业系统、服务业系统等。由于经济活动是人类最基本的社会活动，因此社会系统也常称为社会经济系统。

自然系统和社会系统并不是完全孤立的，系统工程研究的系统往往是两者相结合的复合系统。自然系统和社会系统通常是相互依存、相互制约的关系。一方面，自然系统及其发展规律是社会系统的基础，影响和制约着社会系统的发展；另一方面，社会系统常常导致自然系统的破坏，造成各种公害，如环境污染、温室效应、生物多样性被破坏等。在系统工程的研究中，需要特别把握好自然系统和社会系统之间的关系。

1.2.2 按物质属性分类

系统按物质属性可分为实体系统和概念系统。实体系统是由各类物质实体组成的系统，如建筑物、计算机等，该系统包含的物质实体可以是自然物，也可以是人造物。概念系统是由人的思维创造的系统，它由非物质的观念性东西（如原理、概念、方法、程序等）所构成，如法律系统、知识系统等，该系统一定是社会系统。人们有时也将实体系统称为硬系统，而将概念系统称为软系统，如将一台自动机床的各个实际组成部分称为硬系统，而将计算机控制程序称为软系统。

1.2.3 按运动属性分类

系统按运动属性可分为静态系统和动态系统。静态系统是指状态参数不随时间显著改变的系统，没有输入与输出，如静止不动的机器设备。如果系统内部的结构参数随时间显著改变，有输入、输出及其转化过程，则称该系统为动态系统，如正在行驶的汽车。

系统的静态和动态划分是相对的。绝对的静态系统是难以找到的，如果在所考察的时间范围内系统受时间变化的影响很小，那么为研究问题的方便，可忽略系统内部结构与状态参数的改变，视其为静态系统。

1.2.4 按系统与环境的关系分类

按系统与环境的关系可将系统分为开放系统和封闭系统。当系统与环境之间存在物质、能量、信息的流动与交换时，称其为开放系统，可用图1-3表示。如果系统与环境之间无明显的交互作用，则称该系统为封闭系统。严格的封闭系统是难以找到的，如果上述交互作用很弱，以至于可以忽略，则可以视该系统为封闭系统。简单而言，开放系统是动态的、"活的"系统，封闭系统是僵化的、"死的"系统。系统由封闭走向开放，可以增强活力，焕发青春。

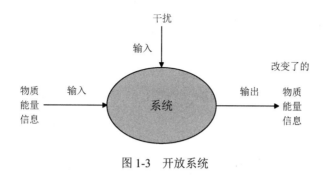

图 1-3　开放系统

1.2.5　按系统的复杂性分类

我国著名科学家钱学森提出，按系统的复杂性可将其分为简单系统和复杂系统。复杂系统可分为大系统和巨系统。根据系统规模、开放性和复杂性，巨系统又可分为一般复杂巨系统和特殊复杂巨系统。钱学森提出的系统分类大致可用图1-4表示。系统工程研究的重点是大系统和巨系统，尤其是开放复杂巨系统（特殊复杂巨系统）。

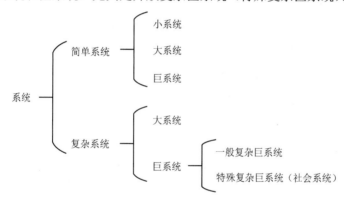

图 1-4　钱学森提出的系统分类

1.3　系统工程概述

1.3.1　系统工程的产生与发展

任何一门新兴学科的发展都离不开社会的需求，系统工程也一样，它的产生与发展离不开经济发展、社会进步甚至现代战争的需求。从另一方面来看，现代科学技术的高度发展，新发现和发明的大量涌现，使人们有可能对自然界和人类社会中许多错综复杂、相互交织的事物及其内在联系加以认识，这种认识的不断升华便形成了现代意义上的系统思想。

尽管系统的思想古已有之，且在 19 世纪初就已在个别文献中被赋予类似今天人们所理解的含义，但现代意义上的系统工程学科是 20 世纪 60 年代初才形成的。

从科学的角度来看，具有现代含义的系统概念的最早引入者是被称为"管理之父"的美国人弗雷德里克·温斯洛·泰勒（Frederick W. Taylor）。他在 1911 年出版的《科学管理原理》一书中提出了现代的系统概念，即工业管理系统。他从合理安排工序、对工人的动作进行拍照和分析、提高工作效率入手，研究管理活动的行为与时间的关系，探索管理科学的基本规律。

在第二次世界大战期间，丹麦哥本哈根电话公司的爱尔朗和美国贝尔电话公司的莫利纳在电话自动交换机的开发中都使用了系统思考方法，并运用了排队论原理。20 世纪40 年代初，美国 RCA 公司在彩色电视的开发中使用了系统探索法。

在第二次世界大战期间，为了研究武器的有效运用而产生了运筹学（Operational Research），并开始将其应用于大规模系统分析。英国首先将运筹学应用于制订作战计划。例如，在护航舰队的编制、防空雷达的配置和应用、提高反潜艇的作战效果及民防等场景下，广泛地采用了数理规划、排队论、博弈论等方法。运筹学的相关理论与方法在第二次世界大战后被迅速推广到一般经营管理领域，使管理科学与最优化技术发生联系，并在实际应用中得到快速发展且日臻完善。1945 年，美国军事部门设立了"兰德计划"项目，后成立了兰德公司（RAND）。作为政府和军方重要的智囊机构，美国兰德公司先后开发了许多先进实用的系统分析方法，用来分析大规模的复杂系统，解决了许多实际问题。运筹学与系统分析方法为系统工程发展奠定了基础。

1957年，美国密歇根州立大学的古德和马乔尔两位教授出版了第一本被正式命名为《系统工程》的著作。此后，人们便把这类综合技术体系称为系统工程，并将其作为专门术语沿用下来。

1958 年，美国在北极星导弹的研究中首先采用了计划评审技术（Program Evaluation and Review Technique，PERT），有效地解决了计划管理中进度安排与资源综合配置的问题。

由于受到计算工具和方法论的限制，系统工程这门学科在很长一段时间内没有受到人们的普遍重视，计算机的出现（1946 年）和普及（20 世纪 60 年代末）与现代控制理论的发展，为系统工程提供了强有力的运算工具和信息处理手段。同时，它们促进了运筹学和大系统理论的发展及广泛应用，成为实施系统工程的重要物质基础。

在系统工程领域，被称为杰出应用典范的是一项航天计划——阿波罗登月计划，这是应用系统工程处理复杂大系统最早成功的一个例子。该计划历时 11 年（1961—1972年），参与的工程技术人员有 42 万位、企业有 2 万多家、大学和研究机构有 120 所，涉及1000 万个零部件，使用计算机 600 多台，耗费 300 多亿美元，涉及火箭工程、控制工程、通信工程、电子工程、医学、心理学等多个学科。

20 世纪 70 年代前后是系统科学迅猛发展的重要时期，系统工程的理论与方法日趋成熟，其应用领域也不断扩大，其重大进展主要表现在以下三方面：一是以自然科学和数学的最新成果为依托，出现了一系列基础科学层次的系统理论，为系统工程提供了知识准备；二是围绕解决环境、能源、人口、粮食等世界性问题开展了一系列重大交叉课题研究，使系统研究与人类社会各方面紧密联系起来；三是在贝塔朗菲、哈肯、钱学森等一批学者的努力下，系统科学体系的建立有了重大进展，系统科学开始从分立状态向整合方向发展。

20世纪70年代以后，随着行为科学、思维科学渗入系统工程，使政策科学得到了发展，系统工程的理论与方法成为政策研究的有效工具。1984年，国外一些思想比较活跃的科学家，在三位诺贝尔奖得主（物理学家盖尔曼、安德逊，经济学家阿诺）的支持下，和一批从事物理、经济、理论生物、人类学、心理学、计算机等方面研究的学者，来到美国很有影响力的桑塔费研究所（Santa Fe Institute，SFI）进行复杂性研究，试图由此通过学科交叉和学科融合来寻求解决复杂问题的途径。

20世纪90年代以后，非线性系统理论迅速发展，针对复杂系统的研究无论是在理论上还是在实践上都取得了长足进展。

系统工程的发展道路，不同国家有所不同。美国的系统工程是从运筹学的基础上发展起来的，日本的系统工程则是从美国引进系统工程理论通过质量管理发展起来的。尽管发展道路不同，但各个国家的目标一致，即应用各种先进的科学管理方法和技术，谋求系统功能的最优化。

现代系统工程在中国的发展历程大体上可分为以下三个阶段。

第一个阶段始于20世纪50年代中期，以运筹学的研究与应用为主。当时刚从美国回来的钱学森、许国志等学者大力提倡发展运筹学，著名数学家华罗庚致力于发展优选法与统筹法，都取得了较好的效果。20世纪60年代随着我国导弹和航天事业的发展，以计划协调、组织管理为特色的系统工程技术得到迅速发展。到20世纪70年代中期，我国在运筹学的各个主要学术分支上都建立了一定的基础。

第二个阶段始于1978年，以系统工程方法的宣传普及为主。钱学森、许国志及王寿云联名在《文汇报》上发表了题为"组织管理的技术——系统工程"的文章，在全国掀起了学习研究并推广应用系统工程的热潮。在最优化方法、图论、排队论、对策论、可靠性分析等一批系统工程方法得到普及应用并取得显著效果的同时，投入产出分析、工程经济、预测技术、价值工程等许多方法与技术也得到发展和普及。1980年，中国系统工程学会正式成立。20世纪70年代末80年代初，中国学者在系统科学领域创立了一批分支学科，其中邓聚龙创立的灰色系统理论、吴学谋创立的泛系理论和蔡文创立的物元分析，在国内外系统学界产生了一定影响。

第三个阶段始于1986年，以系统工程的广泛应用为主。随着全国软科学研究工作座谈会的召开，系统工程的研究和应用进一步扩大至科技、经济及社会等领域。钱学森在全国软科学研究工作座谈会上指出，软科学是新兴的科学技术，实际上是系统科学的应用。近年来，为了满足决策科学化的需求，一批软科学研究机构应运而生，在经济及科技体制改革、宏观经济管理，以及人口、环境、能源、工业、农业、交通运输、金融等方面取得了较好的成果。

此外，在复杂系统的研究方面，以钱学森为代表的一批科学家从 1986 年开始致力于开放复杂巨系统方法论的研究，并于 1989 年创造性地提出针对开放复杂巨系统的从定性到定量的综合集成方法（Metasynthesis），又称综合集成技术、综合集成工程。从定性到定量的综合集成方法的实质是，由专家体系、信息与知识体系及机器体系三者有机结合，构成一个以人为主的高度智能化的人机结合系统，通过人机结合和人机优势互补实现综合集成各种知识、从定性到定量的功能。针对现实中大量存在的非结构、病态结构问题，顾基发等提出了解决这类问题的物理-事理-人理（WSR）系统方法论。WSR 系统方法论的基本核心是，在处理复杂问题时既要考虑对象的物的方面（物理，Wuli），又要考虑如何将这些物处理得更好的事的方面（事理，Shili），同时还要考虑实施决策、管理和具体处理有关问题的人的因素（人理，Renli），达到懂物理、明事理、通人理的目的。我国系统工程工作者的研究成果在国际系统学界得到了高度评价。

　　经过 20 多年的评价、研究与应用，系统工程的思想和方法已在相当程度上融入到我国自然科学、社会科学、工程技术、经营管理及其他领域的广大工作者的知识结构中。从社会大众到政府领导人，从学术刊物中到文学作品中，都在使用系统、信息、系统工程、系统思想、自组织之类的术语。尽管人们对其还存在不同看法，但系统科学与系统工程的作用已为越来越多的人所认同。系统工程的应用领域不断扩大，从组织管理领域、技术工程领域向社会经济领域、自然和社会结合的领域扩展渗透，系统的发展从硬工程系统到软工程系统，从微观分析到宏观分析，从小系统到大系统、巨系统直到开放复杂巨系统。同时，我国学者在系统建模、分析、算法、优化、决策、评价、复杂性、智能化等理论方法上也有不少建树和应用。

1.3.2　系统工程的定义与特征

　　系统工程是一门正处于发展阶段的新兴学科，应用领域十分广泛。由于它与其他学科相互渗透、相互影响，因此不同专业领域的学者对它的理解不尽相同，要给出一个统一的定义是比较困难的。国内外学术和工程界对系统工程的不同定义可以为我们认识这门学科提供参考。

　　1967 年，美国著名学者 H. 切斯纳（H. Chestnut）在其所著的《系统工程学的方法》中指出：系统工程学是为了研究由多数子系统构成的整体系统所具有的多种不同目标的相互协调，以期实现系统功能的最优化，最大限度地发挥系统组成部分的能力而发展起来的一门科学。

　　1976 年，美国《科学技术辞典》中对系统工程的定义：系统工程是研究彼此密切联系的许多要素所构成的复杂系统的设计的科学。在设计这种复杂系统时，应有明确的预定功能及目标，而在组成它的各要素之间及各要素与系统整体之间又必须能够有机地联系、配合协调，使系统总体达到最优目标。在设计时还要考虑参与到系统中的人的因素和作用。

1971年，东京工业大学的寺野寿郎教授在其所著的《系统工程学》中指出：系统工程学是为了合理地开发、设计、运用系统而采用的思想、程序、组织和手法等的总称。

日本工业标准规定：系统工程是为了更好地达到系统目标，而对系统的构成要素、组织结构、信息流动、控制机构进行分析和设计的技术。

1979年，我国著名学者钱学森等在"组织管理的技术——系统工程"一文中指出：把极其复杂的研制对象称为系统，即由相互作用和相互依赖的若干组成部分结合成具有特定功能的有机整体，而且这个系统本身又是它所从属的一个更大系统的组成部分。系统工程学则是组织管理这种系统的规划、研究、设计、制造、试验和使用的科学方法，是一种对所有系统都具有普遍意义的科学方法。

《中国大百科全书：自动控制与系统工程》中对系统工程的定义：系统工程是从整体出发合理开发、设计、实施和运用系统的工程技术。它是系统科学中直接改造世界的工程技术。

还有学者认为，系统工程研究的是具有系统意义的问题。在现实生活和理论探讨中，凡是着眼于处理部分与整体、差异与统一、结构与功能、自我与环境、有序与无序、行为与目的、阶段与全过程等相互关系的问题，都是具有系统意义的问题。

我国著名管理学家汪应洛院士在其所著的《系统工程理论、方法与应用》中指出：系统工程是以大规模复杂系统为研究对象的一门交叉学科。它是把自然科学和社会科学的某些思想、理论、方法、策略、手段等根据总体协调的需要有机地联系起来，把人们的生产、科研或经济活动有效地组织起来，应用定性分析和定量分析相结合的方法及计算机等技术工具，对系统的构成要素、组织结构、信息交换与反馈控制等进行分析、设计、制造和服务，从而达到最优设计、最优控制和最优管理的目的，以便最充分地发挥人力、物力的潜力，通过各种组织管理技术，使局部和整体之间的关系协调配合，以实现系统的综合最优化。

综上所述，系统工程具有以下特征。

系统工程的研究对象是具有普遍意义的系统，特别是大系统。

系统工程是一种方法论，是一种组织管理技术。

系统工程是涉及许多学科的边缘科学与交叉学科。

系统工程是研究系统所需的一系列思想、理论、程序、技术、方法的总称。

系统工程在很大程度上依赖于计算机。

系统工程强调定性分析与定量分析的有机结合。

系统工程研究的是具有系统意义的问题。

系统工程着重研究系统的构成要素、组织结构、信息交换与反馈控制。

系统工程所追求的是系统的综合最优化及实现目标的具体方法和途径的最优化。

1.3.3　系统工程的研究对象

按照钱学森的学科体系结构思想，系统工程是从属于系统科学的具体工程技术，系统科学以系统为研究对象，所以系统工程的研究对象也必是系统，并且是组织化的复杂系统，这样的系统具有以下特征。

它是人工系统或复合系统，区别于无法加以控制的系统。

它是大系统，内部由许多相互作用、相互依赖的分系统所组成，并且是多层次的，每个分系统所要考虑的因素很多，区别于小系统。

它是复杂系统，表现在总系统与分系统、各分系统之间、系统与环境存在非常复杂的关联，区别于简单系统。

它是组织化的系统，表现在系统的各组成部分都是围绕着一个共同的目标的，区别于彼此没有共同目标的一组元素。

根据国外学者的研究，可按组织化程度与繁简程度对系统进行分类，如表1-1所示。表1-1中第Ⅲ象限所研究的对象属于简单事物，处于无序之中，这类系统一般可以用统计或概率的方法来分析。第Ⅳ象限所研究的对象属于简单事物，处于有序之中，这类系统已找到规律，自然科学中的单学科属于这类系统，如物理学、化学等。第Ⅱ象限所研究的对象既复杂又无序，这类系统难以描述，可以说是一片混沌，目前尚无成熟的科学方法来搞清楚，如生态问题等的解决就依赖于未来学的发展。而系统科学和系统工程的主要研究领域是组织化的复杂大系统，处于第Ⅰ象限。

表 1-1　系统科学（系统工程）的研究范畴

按组织化程度分类	按繁简程度分类	
	大系统	小系统
有组织系统	Ⅰ 系统科学、系统工程	Ⅳ 工程科学
无组织系统	Ⅱ 未知领域	Ⅲ 统计、概率、模糊数学

迄今为止，系统工程已经扩展到自然科学、社会科学等众多领域，从而形成了许多系统工程分支，具体如下。

自然环境系统，包括自然受控系统、国土资源系统、农业系统、生态与环境系统等。

生物医学系统，包括生理系统、生物系统、神经系统、医疗系统等。

工业系统，包括宇航系统、产品与技术开发系统、工业生产控制与管理系统、工业布局系统、交通网络系统、物流与供应链管理系统等。

社会系统，包括城市规划与城市管理系统、服务系统、教育系统、文化体育系统等。

国家管理系统，包括区域规划与开发系统、宏观计划系统、经济政策系统、能源规划与生产系统、国防系统、武器系统、人口控制系统、国际关系系统等。

由以上所列研究领域可以归纳出系统工程研究对象的具体特征。首先，系统工程不同于机械工程、电子工程、水利工程等，后者以专门的技术领域为对象，而系统工程则跨越各专业领域，研究各行各业中系统的开发、运用等问题。其次，系统工程不仅涉及工程系统，而且涉及社会经济、生态环境等非工程系统；不仅涉及技术因素，还涉及社会、经济甚至心理因素。最后，系统工程比一般工程更注重事理，注重计划、组织、安排、优化。一般工程注重"物"的研究，以创造对人类有用的物质条件，如电气工程，而系统工程则注重"事"的研究，从而为完成某项任务提供决策、计划、方案和工序，以保证任务完成得最好。

1.3.4 综合集成方法

20世纪70年代末，针对复杂系统问题，钱学森提出将还原论方法与整体论方法辩证统一起来，在此基础上吸收两者的长处，创新系统论方法。他认为，在应用系统论方法时，要从系统整体出发对系统进行分解，在分解后研究的基础上综合集成到系统整体，实现1+1>2的整体涌现，最终从整体上研究和解决问题。

20世纪80年代末到90年代初，钱学森又先后提出"从定性到定量的综合集成方法"，以及它的实践形式"从定性到定量的综合集成研讨厅体系"（以下将两者合称为综合集成方法），并将运用这套方法的集体称为总体部。这样就将系统论方法具体化了，形成了一套可以操作的、行之有效的方法体系和实践方式。从方法和技术层次上看，它是人机结合、人网结合、以人为主的信息、知识和智慧的综合集成技术；从应用和运用层次上看，它是以系统总体为实体进行操作的综合集成工程。

综合集成方法的实质是把专家体系、信息与知识体系及机器体系有机结合起来，构成一个高度智能化的人机结合体系。这个体系具有综合优势、整体优势和智能优势，它能把人的思维、思维的成果，人的经验、知识、智慧，以及各种情报、资料和信息统统集成起来，从多方面的定性认识上升到定量认识。其优势具体体现在：把专家群体、统计数据和多种信息与计算机技术有机地结合起来；把各学科的理论与人的经验知识结合起来，发挥它们的整体优势和综合优势；定性分析与定量分析相结合，最后上升到定量认识；自然科学与社会科学相结合；科学理论与经验知识相结合；宏观研究与微观研究相结合；各类人员相结合；人与计算机相结合。

综合集成方法的运用是专家体系的合作及专家体系与机器体系的合作的研究方式和工作方式。具体地说，是通过从定性综合集成，到定性、定量相结合综合集成，再到从定性到定量综合集成这三个步骤来实现的。这个过程不是截然分开的，而是循环往复、逐次逼近的。复杂系统（包括社会系统）问题，通常是非结构化问题。通过上述综合集成过程可以看出，在逐次逼近过程中，综合集成方法实际上是用结构化序列去逼近非结构化问题的。图1-5所示为综合集成方法用于决策问题研究的示意图，图1-6所示为综合集成方法的总体框架。

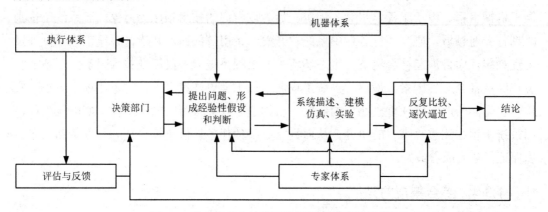

图 1-5　综合集成方法用于决策问题研究的示意图

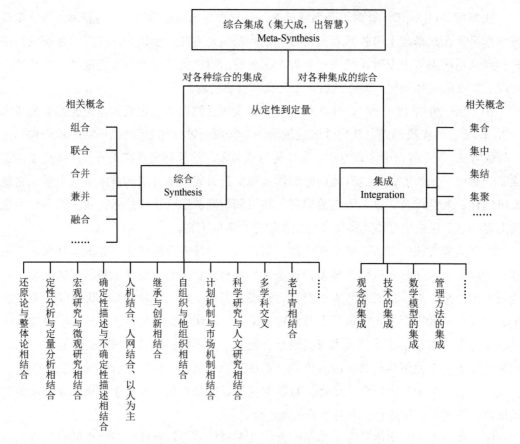

图 1-6　综合集成方法的总体框架

案例分析

系统工程理论对我国各个行业都产生了重大影响，钱学森为我国系统科学的发展做出了重要的贡献。请阅读相关材料，回顾并思考我国系统工程相关学科的发展历程和重要意义。

钱学森的系统科学成就和贡献

扫描下方二维码并详细阅读：

思考题：

1．联系实际说明你对系统的理解。

2．什么叫系统工程？它与一般工程技术有何不同？

3．举例说明一个系统性问题。

4．系统工程的理论基础主要有哪些？

第 2 章　系统环境分析

本章提要

　　本章主要介绍系统环境的概念和相关理论。通过本章的学习，读者应掌握什么是系统环境，如何区分系统和环境，以及怎样分析系统环境。

为什么神舟飞船总是选择在酒泉卫星发射中心发射

中国用以发射运载火箭的基地主要有西昌卫星发射中心、太原卫星发射中心和酒泉卫星发射中心三大航天发射中心。其中，酒泉卫星发射中心是由导弹发射试验场发展起来的现代化综合性航天发射中心。

酒泉卫星发射中心始建于1958年，是中国创建最早的卫星发射中心，其卫星发射设施十分先进。酒泉卫星发射中心主要用于执行中轨道、低轨道、高倾角轨道的科学实验卫星及返回式卫星的发射任务。自1970年长征一号运载火箭成功发射中国第一颗卫星——东方红一号以来，酒泉卫星发射中心用长征一号、长征二号丙及长征二号丁火箭已成功发射了20多颗科学实验卫星。

酒泉卫星发射中心位于中国西北部甘肃省酒泉地区，发射场的坐标为东经100度、北纬41度，海拔为1000米。该地区属内陆及沙漠性气候，全年少雨，白天时间长，年平均气温为8.5摄氏度，相对湿度为35%～55%，环境条件很适合发射卫星。

兰州至乌鲁木齐的铁路在清水地区有一条支线直达酒泉卫星发射中心的技术中心和发射场。鼎新机场在酒泉卫星发射中心以西75千米处，机场跑道长4000米、宽80米，可起降C-130及波音747等大型飞机。8米宽水泥路面的公路连接技术中心和发射场，适合卫星从机场到技术中心和发射场的运输。

选择在酒泉卫星发射中心进行神舟飞船的发射是综合考虑天时、地利的结果。天时是指这里的气象条件适合发射卫星。虽然该地纬度比西昌卫星发射中心和太原卫星发射中心都高，运载火箭要消耗额外的燃料，但是酒泉卫星发射中心具有另外两个卫星发射中心不具备的优势。

酒泉卫星发射中心位于戈壁，广阔平坦，适合兴建大规模发射场。反观西昌卫星发射中心和太原卫星发射中心，它们都处于崇山峻岭之间，不适合兴建交通方便的发射场。载人飞船和运载火箭在发射前最好连为一体，从总装测试厂房垂直移动到发射架上，为保证发射安全，发射架与总装测试厂房又不能离得太近，为转运方便，二者之间最好有直路相连。平坦的戈壁正适合建设这样的大体量建筑物。在酒泉卫星发射中心，一条20米宽的铁路将亚洲最大的单层建筑——总装测试厂房与发射架相连，58米高的箭船组合体可以平稳移动到位。

酒泉卫星发射中心是中国历史最早、规模最大的航天发射中心。专业人员和技术条件在全国独占鳌头。在这里发射神舟飞船，可最大限度地利用现有资源，避免重复建设，节省投资，符合中国勤俭节约搞航天的原则。

自1999年以来，从神舟一号到神舟十四号，中国历次载人航天任务的发射地都选在酒泉卫星发射中心。从发射场的组成规律和选址原则等方面分析，可以得出以下结论：中国载人航天工程的"母港"落户于酒泉卫星发射中心，既是对丰厚的历史遗产的继承，也是现实的科学选择。

2.1 系统环境与边界

2.1.1 系统环境的概念

系统环境（以下简称环境）是指存在于系统之外的，系统无法控制的自然、经济、社会、技术、信息和人际关系的总称。环境因素的属性或状态变化一般通过输入使系统发生变化，这就是所谓的环境开放性。系统与环境是依据时间、空间、研究问题的范围和目标划分的，因此系统与环境是相对的概念。在图 2-1 中，S 表示系统，$\overline{S}$ 表示环境，如果把 S 和 $\overline{S}$ 作为一个整体来看，就组成了一个新的更大的系统 Ω，新系统的环境需要重新确定。

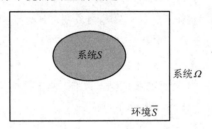

图 2-1　系统与环境概念的相对性

环境的变化对系统有很大的影响，系统与环境是相互依存的，系统必然要与环境产生物质、能量和信息的交换。能够经常与环境保持最佳适应状态的系统，属于积极的开放系统，也是理想的系统；不能适应环境变化的系统是难以存在的。例如，企业产品计划的制订必然要考虑市场环境与经济环境大背景的实际情况，企业产品计划不能脱离环境的制约，否则将难以保证企业产品计划的顺利完成；反过来，企业产品的供给也会给市场的需求带来倾向性影响，企业产品的结构和创新将导致市场需求的变化，从而为企业带来更高的收益。

从系统分析的角度来看，对环境进行分析具有以下几方面的实际意义。

（1）环境是系统工程课题的来源。环境发生某种变化，如某种材料发生短缺或发现了新材料等都将引出系统工程的新课题。

（2）系统边界的确定要考虑环境因素。这说明在系统边界的确定过程中，要根据具体的系统要求划分系统边界，如有无外协要求或技术引进问题等。

（3）系统分析与决策的材料来源于环境。例如，企业决策所需的市场动态资料、企业新产品开发情况等都必须依赖环境提供。

（4）系统的外部约束通常来自环境。这是环境对系统发展目标的限制。例如，资源、财力、人力、时间等方面的限制都会制约系统的发展。

2.1.2 系统与环境的边界

定义了系统也就定义了环境，使得系统与环境可以被识别的界线称为边界，如图 2-2 所示。从空间结构上看，边界是把系统与环境分开的所有点的集合。从逻辑上看，边界是系统构成关系从起作用到不起作用的界线，也是系统从存在到消失的界线。这样说来，系统与环境的边界应该是明确的，但实际划分时却要具体问题具体分析。例如，国土的边界是明确的，但国家的边界却是较难确定的，特别是在对外关系中如何保护国家的权力和利益就十分复杂。总的来说，划分系统与环境的边界需要遵守以下几个原则。

（1）系统与环境之间应有一个界线。在研究系统时首先要明确哪些是系统之内的要素，哪些是系统之外的环境。虽然有时候系统与环境的边界比较模糊，你中有我、我中有你，但也是有一定的规律可循的。一般而言，系统与环境的边界在宏观层次上比较明确，在微观层次上比较模糊；物质系统与环境的边界比较明确，概念系统与环境的边界比较模糊。

（2）系统与环境是"内外有别"的。系统的组成部分或要素与不属于系统的其他事物之间有本质区别。系统的组成部分或要素对系统的整体性有确定的影响，而不属于系统的事物，即环境中的事物却只对系统有偶然的影响。

（3）环境有层次性和结构性。环境的层次通常可以按与系统的相对位置、与系统联系的密切程度和对系统影响的大小来划分，如一般环境、具体工作环境等。此外，环境也不是系统之外所有事物的杂乱堆砌，构成环境的各种事物之间也会有确定的关系和结构。

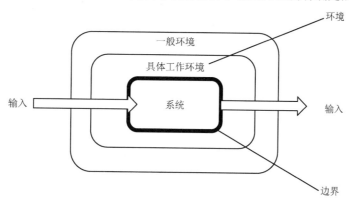

图 2-2　系统与环境的边界

实际上，为了确定环境因素必须对系统进行分析，按系统构成要素或子系统的种类特征寻找与之相关的环境因素。环境因素的确定与评价要根据系统问题的性质和特点进行，要因时、因地、因条件地加以分析和考察，通常要注意以下几点。

（1）适当取舍。将与系统联系密切、对系统影响较大的因素列入系统的环境范围，既不能过多，也不能过少。

（2）对所考虑的环境因素，要分清主次，分析要有重点。

（3）不能孤立地、静止地考察环境，必须明确认识到环境是一个动态发展的有机整体，应以动态的观点来探讨环境对系统的影响及产生的后果。

（4）尤其要重视某些间接、隐蔽、不易被察觉，但可能对系统产生重要影响的环境因素。

总之，对系统的环境因素及它们之间的边界进行分析是认识、改造和构造系统的基本前提。

2.2　系统环境的主要内容

系统总是处在一定的客观环境中，因此了解系统所处的环境是解决系统问题的第一步。系统工程研究的对象是开放系统，与系统相关的环境因素的属性或状态变化，会通过输入使系统发生变化。从系统的观点看，全部的环境因素大致可分为三大类别，即物理技术环境、社会人文环境和经济管理环境，如图 2-3 所示。

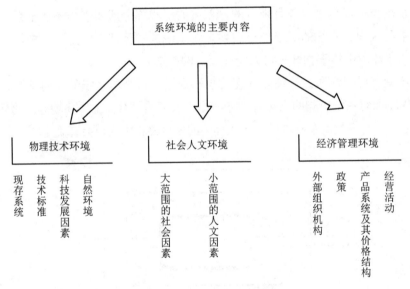

图 2-3　系统环境的主要内容

2.2.1　物理技术环境

物理技术环境是系统得以存在的基础，它是由事物的属性产生的联系而构成的因素和处理问题的方法性因素，主要包括以下几个因素。

（1）现存系统。现存系统的现状和有关知识对于系统分析来说是必不可少的，因为任何一个新系统的分析和设计都必须与现存系统结合起来。新系统与现存系统的并存性和协调性、现存系统的各项指标是进行系统分析必须考虑的因素。这就要求从产量、容量、生产能力、技术标准等方面考虑它们之间的并存性和协调性，同时还要考虑现存系统的技术指标、经济指标、使用指标，以便使新系统的设计更为合理。此外，现存系统也是系统分析中所需各种数据资料的重要来源，如有关系统功能分析的数据、试验数据、成本资料、材料类别、市场价格等，只有通过现存系统的实践才能提供。

（2）技术标准。技术标准之所以成为物理技术环境因素，是因为它对系统分析和系统设计具有客观约束性。实际上，技术标准是制定系统规划、明确系统目标、分析系统结构和系统特征时应遵循的基本约束条件。不遵循技术标准，不但会使系统分析和系统设计的结果无法实现，而且会造成多方面的浪费。反之，遵循技术标准可以提高系统分析和系统设计的质量，节约分析时间，提高分析的经济效果。

（3）科技发展因素。科技发展因素的分析对于系统分析和系统设计是至关重要的。只有在对现有科技的发展充分了解的基础上才能使设计的系统具有较高的效率，才能避免使设计的新系统在投产前就已过时。科技发展因素的分析主要涉及在新系统发展之前是否有可用的科技成果或新发明出现，是否有新加工技术或工艺方法出现，是否有新的维修、安装、操作方法出现这三方面的问题。这就要求在进行系统分析时，必须对上述三方面的问题进行详细调研和分析，做到心中有数。

（4）自然环境。与自然环境保持正确的适应关系是系统分析得以成功的基础，从某种意义上说，人类的全部创造成果都是在合理利用和适应自然环境的条件下取得的。因此，系统分析人员总是把自然环境作为约束条件来考虑。自然环境主要包括地理位置、地形地貌、水文、气象、矿产资源、动植物等，它们是系统分析和系统设计的条件与出发点，如地理位置、原料产地、水源、河流等对厂址选择就有明显的影响。系统分析人员在进行系统分析时必须充分估计有关自然环境因素的影响，做好调查统计工作。

2.2.2 社会人文环境

社会人文环境是指把社会作为一个整体考虑的大范围的社会因素和把人作为个体考虑的小范围的人文因素。

（1）大范围的社会因素。其主要考虑人口潜能和城市形式两方面的因素。人口潜能是社会物理学的概念，它是模拟物质质点间具有引力的物理概念而提出来的。人口潜能表明，人类社会存在一个特点，即人具有明显的群居和交往的倾向。由人口潜能研究得出的"聚集""追随""交换"的测度，能说明城市、乡村发展的趋势和速度，可用于产品及服务的市场估计。城市形式的研究主要说明了城市是现代社会中物质和精神文明的汇集地，是人类的一大创造，城市的本质特征是规模、密度、构造、形状和格式。每个城市在它的应用结构和空间方法上都表现出一定的特征，研究城市形式可为城市规划、建筑、交通、商业、供应、通信等系统的分析和设计提供参考依据。

（2）小范围的人文因素。在系统分析中，人文因素可以划分为两组：一是通过人对需求的反映作用于创造过程和思维过程的因素；二是关于人或人的特性在系统开发、设计、应用中应予以考虑的因素，包括人的主观偏好、文化素质、道德水准、社会经验、能力、生理和心理上的特性等。

2.2.3 经济管理环境

经济管理环境是系统得以存在的根本，要使设计的系统实现最大的经济效益，就必须充分考虑和分析系统与经济管理环境的相互关系。任何系统的经济过程都不是孤立进行的，它是全社会经济过程的组成部分，因此系统分析只有与经济管理环境相互联系才能得出正确的结果。

（1）外部组织机构。未来系统的行为将与外部组织机构发生直接或间接的联系，如同类企业、供应企业、科研咨询机构等。通过与外部组织机构的联系产生各种对口关系，如合同关系、财务关系、技术转让关系、咨询服务关系等。概括起来就是，系统与外部组织机构之间存在着各种输入、输出关系。正确建立和处理这些关系对企业系统的生存和发展往往是至关重要的。

（2）政策。政策对于系统的开发起到指导性的作用，它是一种最为重要的经济管理环境。从某种意义上说，是政策指出了企业的经营发展方向，并影响着企业在追求目标上的判断。因此，系统分析不得不充分估计政策的影响和威力，系统分析人员必须懂得政策和制定政策的重要性。根据作用范围，政策可分为两类，即政府政策和企业内部政策。政府政策对企业起到管理、调节和约束的作用，企业内部政策则是在适应政府政策的前提下求取生存和发展的重要依据。

（3）产品系统及其价格结构。产品系统反映了社会的总需求及其供给情况，产品价格结构取决于国家政策和市场供求关系，即经济管理环境是确定产品系统及其价格结构的出发点。在进行有关系统的分析时，必须了解产品和服务存在的社会原因、工艺过程及技术经济要求、价格和费用构成，以及价格和利率结构变动的趋势，掌握其对成本、收入及其他经济指标和社会的影响。上述因素是确定产品系统及其价格结构的直接依据，也是设定系统目标和系统约束条件的出发点，产品能否获得市场在很大程度上取决于价格。

（4）经营活动。经营活动主要是指与市场和用户等有直接关系的因素的总和。经营活动必须适应经营环境的要求，否则将一事无成。经营活动通常是指与产品生产、市场销售、原材料采购和资金流通等有关的全部活动，它的目的是获取更大的经济效益，不断促进企业发展壮大。在产品需求量稳定的情况下，经营活动的目标要以提高市场占有率和资金利润率为主；在产品需求量不稳定的情况下，经营活动的目标则以发展新产品和提高经济指标为主。改善经营活动，主要包括增强企业实力、做好经营决策和提高竞争力等方面，增强企业实力是基础，做好经营决策是手段，提高竞争力是目的。

2.3 系统环境的分析方法

2.3.1 PEST 分析法

PEST 分析法是用来分析社会经济系统（特别是行业的企业）外部宏观环境的一种常用方法。宏观环境又称一般环境，是指影响一切行业和企业的宏观力量。在对宏观环境因素进行分析时，不同行业和企业根据自身特点及经营需要，分析的具体内容会有差异，但一般都应对政治（Political）因素、经济（Economic）因素、社会（Social）因素、技术（Technological）因素这四大类影响行业和企业的主要外部环境因素进行分析。简单而言，这种分析方法称为 PEST 分析法。图 2-4 所示为 PEST 分析法的主要内容。

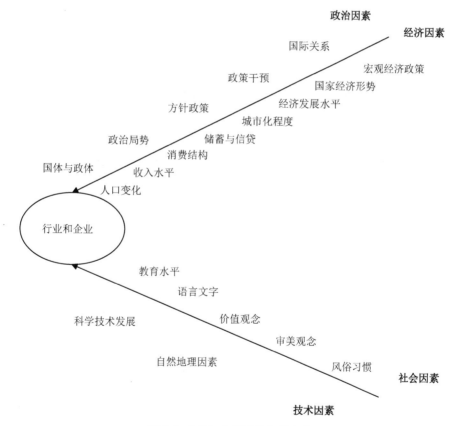

图 2-4　PEST 分析法的主要内容

在 PEST 分析法的基础上，进一步考虑环境（Environmental）因素和法律（Legal）因素，就形成了 PESTEL 分析法。PESTEL 分析法一般用以分析社会经济系统的外部宏观环境，如图 2-5 所示，每个因素均反映了一个外部环境因素。

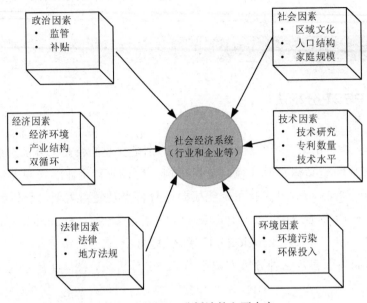

图 2-5 PESTEL 分析法的主要内容

2.3.2 SWOT 分析法

在对环境因素进行分析时，除分析一般环境以外，还必须考虑系统的自身条件，把系统内部环境与外部环境结合起来，经常采用的分析方法是 SWOT 分析法。SWOT 分析法也称态势分析法，在 20 世纪 80 年代初由美国旧金山大学的管理学教授韦里克提出，经常用于企业战略制定、竞争对手分析等场合。S、W 是指系统内部环境的优势和劣势，O、T 是指外部环境中存在的机会和威胁。在分析系统内部环境时，既要考虑系统自身的优势，又要考虑系统自身的劣势，并尽可能抓住外部环境提供的机遇，避免外部环境中的威胁对系统可能产生的不良影响。图 2-6 给出了在不同环境组合条件下企业系统可能的策略重点。

内部因素

		优势	劣势
外部因素	机会	SO 依靠内部优势 利用外部机会	WO 克服内部劣势 利用外部机会
	威胁	ST 依靠内部优势 回避外部威胁	WT 克服内部劣势 回避外部威胁

图 2-6 SWOT 分析法图示

2.3.3 驱动力分析法

在物理学中，驱动力是效果力，一般来说周期性的外力就称为驱动力。在管理学领域，往往从人的需求和动机等出发研究人的驱动力，并形成了诸多经典的管理学理论和方法，如双因素理论、马斯洛需求层次理论等。

对于复杂社会系统而言，环境处于不断变化的过程中，如何针对环境的变化解析相关变化的关键驱动力，从而有效预测未来可能的环境状态，对于身处百年未有之大变局的时代背景下的我们具有重要的意义。

以可再生能源发展的驱动力分析为例，可再生能源由于具有可再生性得到了广泛关注，并日益成为人类能源供应体系的重要组成部分。人类利用能源的历史是不断寻求可替代能源、丰富能源的历史，许多学者对可再生能源的未来很乐观。目前，全球可再生能源开发利用规模不断扩大，应用成本快速下降，发展可再生能源已成为许多国家推进能源转型的核心内容和应对气候变化的重要途径，也是我国推进能源生产和消费革命、推动能源转型的重要举措。可再生能源发展有其自身的一般规律和特征，准确把握这些规律和特征，有利于我们更加稳健地推进能源体系转变和应对气候变化。相关研究主要集中在可再生能源发展的驱动因素识别方面（见图 2-7）。

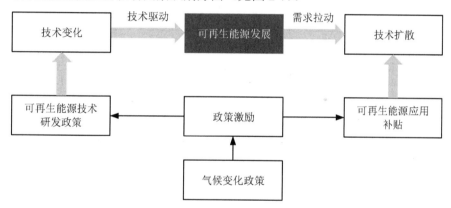

图 2-7　可再生能源发展的驱动力

（1）可再生能源发展的政策驱动：毫无疑问，政策是可再生能源发展的重要驱动力。近年来，许多文献总结了各国可再生能源发展政策及现状，并运用实证方法分析了政府政策对可再生能源的影响。牢固掌握政策驱动下的可再生能源发展过程对今后政策的设计至关重要。识别现有政策对可再生能源发展的贡献比评估政策的绩效更加重要。

（2）可再生能源发展的技术驱动：毋庸置疑，技术进步历来是推动能源变革的重要力量。能源领域的技术创新有利于提高国家竞争力。构建一个先进的、集中于清洁能源供给的能源系统也是当前世界能源转型的主要趋势。

（3）可再生能源发展的需求拉动：由社会学习引起的新技术或新产品的信息传播称为技术扩散。一项新技术在市场中的消纳可以强化公众对其价值的认知，从而扩大其潜在需求。在现实中，对可再生能源技术的应用有不同的形式，如不同类型的可再生能源发电项目。可再生能源技术还可应用于建筑和农业领域，如分布式可再生能源项目。

中小型高科技企业成长的创新系统环境

中小型高科技企业成长的环境是企业赖以生存和发展的基础，对中小型高科技企业成长有重要作用。中小型高科技企业成长的环境具有不同的环境层面，对中小型高科技企业成长具有直接作用的是创新系统环境。创新系统环境是由各主体的相互关系和与中小型高科技企业相关的各种信息等构成的，这些内涵对于中小型高科技企业成长具有直接作用。

对中小型高科技企业成长的创新系统环境进行结构分析是从创新系统主体环境层面、外部环境与内部环境层面、宏观环境和任务环境层面来进行的。这三个层面的层次结构如图2-8所示。由此可见，本案例提出的这三个层面形成了不同的层次结构，对中小型高科技企业成长具有不同的作用。同时，也揭示了中小型高科技企业成长的环境是十分复杂的，其成长的过程会受到诸多因素的影响。

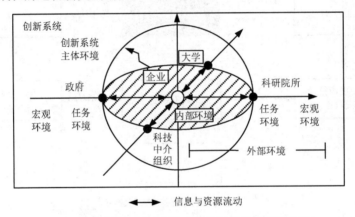

图 2-8　中小型高科技企业成长的创新系统环境关系

创新系统对中小型高科技企业成长的作用是通过系统内部主体的作用实现的。创新系统主体环境层面研究的是创新系统的主体构成，以及这些主体与中小型高科技企业的相互作用关系。首先，政府是创新的组织者和引导者。其次，企业是创新的主体。再次，技术产品生产具有多重不确定性和风险性，大量投入未必会带来回报，企业对技术产品的生产没有太多兴趣。因此，获得国家大量投入的科研院所与大学成为技术最重要和最主要的来源。最后，科技中介组织是创新系统中除政府、企业、科研院所与大学之外最重要的主体，科技中介组织在与其他主体相互作用的过程中实现了其加速创新产出和升级的系统作用。

中小型高科技企业成长的创新系统环境是多层次的，本案例根据环境作用的方向将其分为外部环境和内部环境。外部环境的作用力来源于企业边界的外部，直接作用于企业边界，进而作用于企业内部；内部环境的作用力来源于企业内部，受到外界环境的影响，内部环境包括企业的各项职能，是企业可持续性发展战略制定的基础，包括管理环境、制度环境、理财环境、生产运行环境、研究开发环境等。内部环境与外部环境的作用相互交织，产生企业成长的促进力或抑制力。

外部环境可分为宏观环境和任务环境。宏观环境是指那些对企业活动没有直接作用而又经常对企业决策产生潜在影响的一些因素，主要包括与整个企业环境相联系的经济、技术、文化、政治和法律等方面，形成了由经济发展水平、科技水平、社会文化氛围、法治建设等组成的多层次的系统。宏观环境因素的作用渗透到各个环境主体行为中，具有广泛的影响力。

直接影响企业主要运行活动的因素称为任务环境。任务环境是中小型高科技企业成长最重要的环境，直接关系到企业发展战略、竞争战略及竞争策略的制定，对企业生产与经营起到直接影响，主要包括产业环境、市场环境、融资环境、中介环境等，其行为主体包括股东、客户、供应商、竞争对手、金融机构等。任务环境离不开宏观环境的支持，两者相互影响与促进，是竞争格局发生变化的重要诱因。

创新系统中各环境子系统作用的发挥是基于各创新系统主体的作用而实现的。各层面环境之间相互影响、相互作用，因此中小型高科技企业成长受到多方面因素的影响。对中小型高科技企业成长的创新系统环境进行分析，首先要明确主体作用源的力的方向，在实践中，保证主体对中小型高科技企业成长的影响是积极而有效的。尤其是在分析各个力的配合与协调作用时，更应该注重创新系统环境的层次结构。在诸多影响力中，政府支持力的作用在于营造适合中小型高科技企业成长的政策环境，政府政策也会影响企业内部的成本结构、运行环境。在政府支持力的作用下，可以培育中介环境、产业环境、融资环境、制度环境、高校和科研院所的研发环境等子环境。可以说，政府政策环境是中小型高科技企业成长的创新系统环境结构的主要组成部分，也是其他环境形成与作用的支撑。其他的环境子系统在相互作用中对中小型高科技企业的成长产生影响。

思考题：

1．什么是系统环境分析？为什么要进行系统环境分析？
2．举例说明重大技术突破对某系统可能产生的影响。
3．举例对一个系统的环境进行详细分析。

第 3 章　系统功能分析

本 章 提 要

　　本章主要介绍系统结构与系统功能和相关理论。通过本章的学习，读者应掌握什么是系统结构，什么是系统功能，二者的关系如何，以及如何对系统功能进行分类和分析。

神奇的中医诊断方式

《黄帝内经·灵枢·本藏》中说："视其外应，以知其内脏，则知所病矣。"

《丹溪心法·能合色脉可以万全》中说："欲知其内者，当以观乎外；诊于外者，所以知其内。盖有诸内者，必形诸外。"

上述两种说法是对中医诊断方式的论述。中医诊断主要是透过五脏系统的外在表现及各种外输信息辨析其内部情况，是一种没有对观察对象施加任何干扰，只在人体外部进行望、闻、问、切，以获取各种信息的纯自然观察，与控制论的黑箱理论有着相似之处。

3.1 系统结构与系统功能

3.1.1 系统结构

系统是由两个或两个以上要素所构成的，并且要素间不是孤立的，而是有联系的。这种联系的形式是多种多样的，在系统科学的语言中，一般用"结构"这个词进行描述。各种系统的具体结构是大不一样的，许多系统的结构是很复杂的。不妨用 S 表示系统，E 表示要素的集合，R 表示由集合 E 产生的各种关系的集合，则系统结构大致可以表示为

$$S = \{E, R\}$$

上述公式说明，作为一个系统，必须同时包括要素的集合及其关系的集合，两者缺一不可。两者结合起来才能决定一个系统的具体结构与特定功能，才能组成一个系统。不同的系统，其要素集合 E 的组成是大不一样的。例如，学校与企业、企业与军队、中国与美国，其要素集合 E 的组成有很大差异。但是，由要素集合 E 产生的各种关系的集合 R，从系统论而言，却是大同小异的，不失一般性地可以表示为

$$R = R_1 \cup R_2 \cup R_3 \cup R_4$$

式中，R_1——要素与要素之间、局部与局部之间的关系子集，表示横向关系；

R_2——局部与全局（系统整体）之间的关系子集，表示纵向关系；

R_3——系统整体与环境之间的关系子集；

R_4——其他各种关系子集。

在系统要素给定的情况下，调整这些关系就可以改变或提高系统功能。这也是组织管理工作的作用，是系统工程的着力点。

3.1.2 系统功能

任何系统都有一定的功能，系统功能反映了系统与环境之间的关系，表达出系统的性质和行为。系统功能体现了一个系统与环境之间的物质、能量和信息的输入与输出的转换关系。系统功能示意图如图3-1所示。以组织系统为例，在输入一定的物质、能量和信息后，经过组织系统的转换，生产出质量高、品种全、数量多的产品，并能使这些产品功能得以实现，我们就说这个组织系统的功能良好。

图 3-1 系统功能示意图

由图 3-1 可知，系统功能可以理解为一种处理和转换机构，它可以把输入转变为人们所需要的输出。用数学公式可表示为 $Y = F(X)$。其中，自变量 X 为输入的原材料，因变量 Y 为产品和服务。X 和 Y 都为矢量，也就是说是多输入、多输出的；F 为矢量函数。系统具有多种处理和转换功能。

系统整体与环境相互作用所反映出的能力称为系统功能。表 3-1 所示为复杂系统的主要输入、转换和输出。

表 3-1　复杂系统的主要输入、转换和输出

系　　统	输　　入	转　　换	输　　出
客机	旅客和燃油	燃烧和推动力	被运送的旅客
气象卫星	图像	数据存储、传输	编码的图像
炼油厂	原油、催化剂和能源	裂解、分离和混合	汽油、油产品和制品
发电站	燃煤、水和能源	电力生产、调节	交流电
机场空中交通控制系统	飞机塔台响应	辨识跟踪	身份、空迹、通信
机票预订系统	旅客要求	数据管理	预订机票
飞机机翼装配厂	机翼零件和能源	操作、连接和修整	装配好的机翼

系统工程旨在提高系统功能，特别是提高系统的处理和转换效率，即在一定的输入条件下使得输出多、快、好，或者在一定的输出条件下使得输入少、省。

若某个系统具有 n 个组成部分（子系统），其中第 i 个组成部分的功能为 $F_i (i = 1, 2, \cdots, n)$，系统功能为 F，则系统的总体功能和系统各组成部分功能之间的关系可以表示为

$$F_总 > F_1 + F_2 + F_3 + F_4$$

上述公式说明系统的总体功能大于系统各组成部分功能的简单相加，这是系统理论的经典之处，也是系统工程的实施要点。需要说明的是，这里所说的"大于"，也可以表示为"多于""优于""高于"等多种概念。"大于"的产生，其原因在于组成系统的要素之间发生了这样或那样的联系（如分工、合作），产生了层次间的涌现性和系统整体的涌现性，使系统功能出现了量的增加和质的飞跃。"一个巧皮匠，没有好鞋样；两个笨皮匠，彼此有商量；三个臭皮匠，赛过诸葛亮"便是对上述公式的生动描述。当然，上述公式的成立也是有条件的。在不协调的关系下，其不等号的方向可以反过来，如俗语"三个和尚没水吃"一样。因此，系统功能的发挥关键既在于要素之间的关系，也在于系统结构。调整要素之间的关系，建立合理的系统结构，可以提高和增加系统功能。

根据 $F_总 > F_1 + F_2 + \cdots + F_n$，即系统的总体功能大于系统各组成部分功能简单相加的基本要求，系统功能具有以下几个特点。

（1）系统功能具有易变性。

系统功能与系统结构相比是更为活跃的因素。一个系统对环境发挥功能总要遵循一定的规律，环境条件不同将相应地引起系统功能的变化。一个系统的结构在一定范围内

总是稳定的，但功能则不同，只要环境的物质、能量和信息交换有所变动，系统与环境的相互作用的过程、状态、效果就会发生变化。

系统在发挥功能的过程中，会随着环境条件的变化而相应地调整其程序、内容和方式，不断地促进系统结构的变革，以使系统不断地获得新的功能。

（2）系统功能具有相对性。

系统功能关系和系统结构关系在一定条件下可以互相转化。在一个大系统内部，其要素之间的相互作用本来属于系统结构关系，但如果把每个要素或子系统作为一个系统整体来考察，则要素或子系统之间的相互作用又转化为独立要素或独立子系统之间的功能关系。

（3）系统功能的发挥需进行有效的控制。

在功能管理活动中，要有进行监督和控制的管理机构。管理机构的主要任务是对管理对象进行调查（或测定），求出该对象所表示的状态和输出的管理特征值，并与管理目标进行比较。通过比较找出差距并进行判断，必要时可采取适当的行动。有效的控制要求具有预见性、全面性和及时性。

3.1.3　系统结构与系统功能之间的关系

结构是系统的内在根据，功能是要素与结构的外部表现。一定的结构总是表现为一定的功能，一定的功能总是由具有一定结构的系统实现。因此，系统的结构和功能是相互依存的，没有无结构的功能，也没有无功能的结构。通过系统结构的变化来分析系统功能的方法称为结构功能方法。

系统结构说明的是系统的内部状态和内部作用，而系统功能说明的是系统的外部状态和外部作用。功能是系统内部固有能力的外部表现，归根结底是由系统结构所决定的。系统功能的发挥，既有受环境变化制约的一面，又有受系统结构制约的一面，这体现了系统功能与系统结构的相对独立性和绝对依赖性的双重关系。

系统结构决定系统功能，系统结构的改变必然引起系统功能的改变。系统结构对系统功能起主要决定作用，有以下两方面的原因：①结构使系统形成了不同于其诸要素的新质。系统的各个要素在相互联系、相互作用过程中交换物质、能量和信息，这样就使系统整体出现了其诸要素所没有的新质，在新质的基础上，系统整体获得了新的功能。②各个要素的行为在一定约束条件和协同作用下决定系统功能，而"约束"和"协同"是由系统结构所赋予的。

系统功能与系统结构具有相对独立性，同时系统功能还对系统结构具有巨大的反作用。系统功能在与环境的相互作用中，会出现与系统结构不相适应的异常状态，当这种状态维持一定时间后，就会通过刺激迫使系统结构发生变化，以适应环境的需要。

系统结构和系统功能既有相对稳定的一面，又都可能发生变化。一般来说，系统功能比系统结构有更大的可变性，系统功能变化又是系统结构变化的前提。例如，对于一个企业，当市场对它的产品需求有所变化，也就是它的功能发生变化时，必须调整生产，改变产品的种类，调整生产组织。系统结构与系统功能之间的关系，可以存在于以下多种情况中。

（1）一般而言，组成系统结构的要素不同，系统功能也不同，因为要素是形成系统结构与系统功能的基础。

（2）组成系统结构的要素相同，但系统结构不同，系统功能也不同。如同一个班组，人员不变，但如果劳动的组织、分工与合作方式变了，就会表现出不同的劳动效果。因此，为了提高功能，不能只从改变单要素着手，还要设法改进系统结构。

（3）组成系统结构的要素与系统结构都不同，也能得到相同的系统功能。这就启发了我们为了达到同一目标，可以采用不同的方案。

（4）同一系统结构，可能不仅有一种系统功能，而会有多种系统功能。这是因为同一系统结构在不同环境下发挥的作用不同。如同一种药物对不同疾病有不同的疗效。

3.2 系统功能分类

3.2.1 按系统动作形式分类

系统功能体现了系统最高层次的性能特点和（或）必须涉及的各种动作。因此，按照系统功能所对应的系统动作形式，可以把系统功能分为独立功能和从属功能两类。独立功能是指系统在完成该项功能时所进行的动作是独立的，不需要其他的动作来配合，独立功能往往是系统必须完成的主要功能。从属功能是指系统完成独立功能的过程中附带完成的一些辅助功能，并且完成这些功能的动作构成了完成独立功能动作的某个部分。

系统功能之间的结合可以表现为串联、并联和混联三种形式，如图 3-2 所示。系统的各项功能按完成时间的先后及三种结合形式的组合，构成了系统在某一层次上的功能流程。

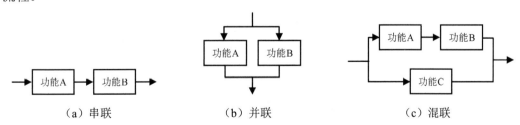

（a）串联　　　　　　　（b）并联　　　　　　　（c）混联

图 3-2　系统功能之间的三种结合形式

3.2.2 按重要程度分类

系统功能按重要程度及其相互之间的从属关系，可分为几个不同的功能层次。每个功能层次之间的相互关系可以由功能流程图来描述。功能流程图可以标明为最高层次、第一层次、第二层次，依次类推。最高层次表示的是系统总的工作功能。第一层次和第二层次依次表示前一层次功能的进一步展开。功能流程图要一直向下展开到确定该系统的各项需求（如硬件、软件、人员、资料数据等）所需的层次。每个功能流程图上所标明的功能应予以编号，编号的方式要能保持功能的连续性，并且要贯穿整个系统可追溯到功能的开始点。系统的功能层次如图 3-3 所示。

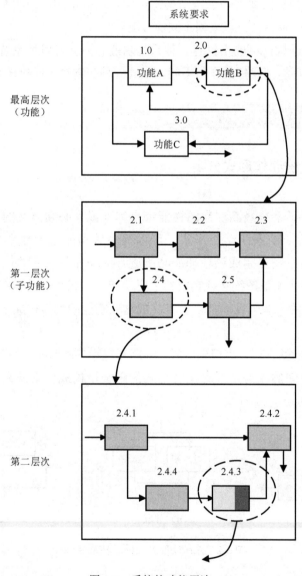

图 3-3　系统的功能层次

3.2.3 按作用对象分类

按作用对象不同，系统功能可分为外功能和内功能两种。其中，系统整体对外部环境的作用或影响称为系统的外部功能，简称外功能；系统整体对内部环境的作用或影响称为系统的内部功能，简称内功能。一个系统的内、外功能是相互作用的，一般内功能是外功能的基础，内功能的状况决定着外功能的状况，外功能的发挥会刺激内功能的提高和进一步完善。

3.3 系统功能分析方法

系统功能反映了系统与环境的关系，系统功能分析方法是在研究系统与环境的相互关系的过程中把握系统的能力和行为的方法，包括要素-环境-功能分析方法、功能模拟方法和黑箱分析方法等。

3.3.1 要素-环境-功能分析方法

通过对系统要素的数量和质量进行分析来研究系统功能的方法，称为要素-功能分析方法。系统是由要素构成的，不同的要素构成不同的系统，因此在对系统进行功能分析时必须研究要素对系统功能的影响。要素的数量和质量决定了系统功能的差别，并影响系统功能。

分析环境对系统功能的影响，以及系统功能随着环境变化而变化的方法，称为环境-功能分析方法。环境的不同会引起系统功能的变化，影响系统功能的发挥。通过对这种相互关系进行分析，我们可以改善环境，充分发挥系统功能的作用。同时，要为了适应环境而不断改变系统功能，使系统功能达到最优。

美国哈佛大学的教授 Talcott Parsons 提出了一种用于分析系统和子系统的启发式方案，称为 AGIL 范式或 AGIL 方案。他的理论认为，为了在环境中生存或保持平衡，任何系统都必须在某种程度上适应环境，实现系统目标，整合系统各个模块，并维持其潜在模式，上述概念可以缩写为 AGIL。这些概念被称为系统的功能命令。AGIL 方案是一种理论的分析方案框架，它不是对现实经验的简单"复制"或任何直接历史的"总结"。此外，该方案本身并没有解释"任何事情"，就像自然科学中的化学元素周期表本身解释"任何事情"一样少。AGIL 方案是一种解释工具，并不比那些理论和解释的质量更好。

在分析社会行动系统的情况下，根据 Parsons 的说法，AGIL 方案产生了四个相互关联、相互渗透的子系统：其成员的行为子系统、其成员的人格子系统、社会系统和社会的文化系统。为了将一个社会理解为一个系统，人们被设定为扮演与职位相关的角色。这些职位和角色在一定程度上有所区分，在现代社会中与职业、政治、司法和教育角色等相关联。

所有现存系统的纯 AGIL 方案含义如下：

- （A）适应（Adaptation）。
- （G）目标达成（Goal Attainment）。
- （I）整合集成（Integration）。
- （L）表现维持或模式维持（Pattern Maintenance），L 代表潜在功能。

考虑到这些专业角色之间的相互关系，以及功能不同的集合（如公司、政党），社会系统可以被分析为一个由相互关联的功能子系统组成的复杂系统。

（1）社会系统：

- 经济——对其行动和非行动环境系统的社会适应。
- 政体——集体目标的实现。
- 社会共同体——不同社会组成部分的整合。
- 信托系统——在其"直接"社会嵌入中再现历史文化的过程。

（2）其成员的行为子系统：

- 行为有机体（或系统）（在后来的 AGIL 分析版本中，行为有机体是广义"智能"的焦点）。
- 人格系统。
- 社会制度。
- 文化体系（具体参考"社会的文化系统"分析）。

（3）社会的文化系统：

- 认知符号化。
- 富有表现力的象征。
- 评价符号化（有时称为道德评价符号化）。
- 构成符号。

Parsons 详细阐述了这样一种观点，即在这些系统的每个子系统中也开发了一些类似于经济中的货币的特殊符号交互机制，如在社会社区中的影响力，同时假设了社会系统的各子系统之间的各种"交换"过程。

3.3.2 功能模拟方法

功能模拟方法是一种普遍使用的科学方法。"模"是法式、标准的意思，"拟"是设计、打算的意思。模拟既有按一定法式、标准进行设计的意思，又有模仿的意思。所谓功能模拟方法，是指在对系统原型的内部结构未能进行深入了解或不可能进行深入了解的条件下，用一个与它的内部结构不同但功能特性具有相似性的模型来对系统的功能特性及其规律进行研究的方法。

在功能模拟方法中，需要用到功能模型。功能模型是指以功能行为相似为基础建立的模型。模型与原型的功能相似，但结构可以完全不同。利用功能模拟方法研究系统问题，不是意图研究"系统是什么东西"，而是意图研究"系统能做什么"。功能模拟方法有以下几个特点。

（1）只以功能相似为基础。

（2）不要求模型与原型在结构上相同。

（3）通过功能模拟，能够发现系统可能具有的一些新的特性。

系统仿真是一种较为典型的功能模拟方法。系统仿真通过构建一个与系统功能特性具有相似性的模型来对系统进行实验和定量分析，从而获得决策所需的具体信息。系统仿真的方法将在第6章进行具体介绍。

3.3.3 黑箱分析方法

黑箱分析方法的一个特点是检查所模拟的对象从整体上来看对于输入有什么输出反应，而对内部的组织结构不予考虑。这种方法之所以被称为黑箱分析方法，是因为这个模型就像一个黑箱一样。黑箱的概念源于电工理论，对于一个电工设备或电路，在输入端加上一定的输入，就会在输出端产生一定的输出，通过输入与输出的关系就可以了解这个电工设备或电路的某些性能，而不必去探究内部的细节。这个电工设备或电路就被看成一个密闭的黑箱。由此可见，黑箱分析方法就是对系统内部要素的结构全无知晓的系统研究方法。它为我们提供了在未知系统内部要素和结构的情况下进行系统功能分析的方法。

有时候，人们对系统或装置的内部有一些了解，但又不完全了解，即部分信息已知、部分信息未知，这使得人们可以依赖这些部分已知的信息建立一些依赖于结构的模型。这种方法可以看作灰箱分析方法。

因此，黑箱分析方法实质上是一种研究系统的方法，其特点是撇开系统内部状况（结构、状态），只从功能上认识它的性质。随着科学技术的进步和人们对自然界认识的深入，原来的黑箱会逐步变为灰箱、白箱。

Arthur Samuel 在有关跳棋的研究过程中创造了"机器学习"这个词。机器学习是人工智能（Artificial Intelligence，AI）和计算机科学的分支，专注于使用数据和算法来模仿人类学习的方式，逐渐提高其准确性。机器学习的本质是先使用算法找到模式，然后应用这些模式向前发展，以便根据对过去的观察和学习对未来做出预测。

机器学习算法可以分为三类，分别是监督学习、无监督学习和半监督学习。这三种不同的机器学习算法最终会产生相似的结果，但它们实现结果的过程是不同的。

（1）监督学习。监督学习需要人为给定机器的输入和输出。使用标签化数据集训练算法，以准确分类数据或预测结果。输入数据进入模型后，该算法会调整权重，直到模型拟合。这是交叉验证过程的一部分，可使模型避免过度拟合或不拟合。监督学习有助于一个组织大规模地解决各种现实问题，如将垃圾邮件归类到收件箱的单独文件夹中。监督学习中使用的方法包括神经网络、朴素贝叶斯、线性回归、逻辑回归、随机森林、支持向量机（Support Vector Machine，SVM）等。

（2）无监督学习。无监督学习只给定机器的输入，让机器根据能找到的模式给出输出，使用机器学习算法来分析未标签化数据集并形成聚类。该算法发现隐藏的模式或数据分组，无须人工干预。该算法能够发现信息的相似性和差异，因此是探索性数据分析、交叉销售策略制定、客户细分、图像和模式识别的理想算法。该算法还可通过降维过程，减少模型中特征的数量。主成分分析（Principal Component Analysis，PCA）和奇异值分解（Singular Value Decomposition，SVD）是两种常见的无监督学习方法。此外，无监督学习方法还有神经网络、k-均值聚类、概率聚类等。

（3）半监督学习。半监督学习是监督学习和无监督学习的巧妙结合。在训练期间，它使用较小的标签化数据集，以指导对较大的未标签化数据集进行分类和特征提取。半监督学习可以解决带标签数据不足（或无法负担标注足够数据的费用）而无法训练监督学习算法的问题。强化学习通常被归类为半监督学习。强化学习是指当机器被告知它正在做正确的事情时，它会继续做同样的事情。半监督学习帮助神经网络和机器学习算法识别出它们已经正确地解决了的部分难题，鼓励它们再次尝试使用相同的模式或序列。有时强化学习会得到一个输出，有时则没有输出。强化学习的真正目标是帮助机器或程序理解正确的路径，以便以后可以复制它。

这些机器学习算法通常利用特定的实践方法来识别模式和组织信息，常见方法包括分类、回归、聚类、预测分析和决策树。

（1）分类。机器学习算法中的分类是指网络会根据给定的特定规则分割和分离数据。分类用于机器学习算法的监督训练，可以根据不同的类提供结果。例如，分类机器学习算法可以帮助营销人员区分客户的人口统计数据，根据分类为客户提供独特的广告。

（2）回归。在机器学习算法中，回归可用于优化和建模，寻找特定变量存在的可能性。通过回归，机器能够观察不同的变量并预测它们之间的联系，帮助研究人员了解未来会发生什么。回归有助于识别数据点之间的连接。

（3）聚类。聚类类似于分类，它分离了相似的元素，但由于它用于无监督训练，因此组不会根据需求进行分离。在数据分析或数据科学中，如果研究人员试图发现是什么使某些群体不同，那么他们可能会尝试聚类，看看计算机能否指出一些微妙的差异。

（4）预测分析。预测分析用于机器学习算法，可以帮助研究人员对未来做出决定。根据从网络上获得的数据，预测分析可以帮助研究人员猜测未来会发生什么。亚马逊的销售机制是应用预测分析的一个典型案例。根据消费者之前的购物经历，亚马逊会通过预测分析向消费者展示其可能喜欢的类似商品，它从消费者的行为中学习，并帮助消费者找到其感兴趣的商品。

（5）决策树。决策树在机器学习算法中被用来作为一种可视化的方式来展示决策。回归和分类数据都可以在决策树中建模。数据科学专注于使用决策树来演示机器学习算法的发现。

案例分析

黑箱理论在商务谈判场合中的使用

谈判是人际交往中的一种特殊的双向沟通方式，对于领导者、公关行业从业者、职业推销者而言，谈判能力可以直接决定其工作进展和事业成功度。随着市场经济的发展和各类竞争的加剧，各行各业之间、人与人之间的争议随时有可能发生。当事人（谈判的关系人）、分歧点（协商的标的）、接受点（协商达成的决议）作为谈判的三要素会时刻出现在职场中。

在当事人为了各自的利益，围绕分歧点进行反复论证、讨价还价，最终共同设定接受点的过程中，接受点一度作为黑箱存在，所以谈判的过程也就是黑箱被逐渐打开的过程。

某公司公关部与某装修公司商谈会议室装修问题。装修公司将报价单传真过来，说这间会议室的装修费用需要 30 万元。公关部认为这个价格还算公道，但是并不清楚对方最终会给出什么样的价格，而装修公司也不清楚公关部最终会接受什么样的价格，成交价格对双方而言是一个黑箱，而为了确保各自的利益，双方都不会抢先打开黑箱。公关部看到对方的报价单，只回了一句：价格太高，难以接受。装修公司又发来一纸传真：您能接受什么样的价格呢？公关部回：我只能接受最优惠的价格。装修公司调整了价格后回复：28 万元。公关部再提出要求：据我所知，这不是最优惠价格。装修公司再问：您所指的最优惠价格是多少？公关部终于亮出接受点：多于 22 万元免谈……装修公司回复：22 万元我们亏本，少于 24 万元这笔生意就不能做了。公关部见好就收：23 万元，立刻成交！装修公司：好吧，希望以后常合作！

上述案例中的公关部和装修公司都是黑箱理论的实践者，这种策略技巧是商务谈判场合中应用最普遍、效果最显著的方法。谈判双方依据各自对黑箱的猜测，努力防备对方攻破黑箱从而占据上风，惜字如金，各不相让，最终达成协议，完成接受点由黑箱（未知）、灰箱（30 万元、28 万元、22 万元、24 万元）到白箱（23 万元）的谈判过程。在谈判过程中，对黑箱的控制能力决定着谈判的胜负。

思考题：

以实际问题为例，思考系统结构与系统功能之间的关系。

第4章　系统分析方法

本章提要

　　本章主要介绍系统分析方法。通过本章的学习，读者应掌握系统分析的由来、定义、特点和本质，系统分析的目的、内容和要素，以及问题与潜在问题分析技术和目标的系统分析方法。

光伏扶贫助推我国精准扶贫与能源转型

光伏扶贫是指在具备实施条件的贫困地区建设光伏电站，以光伏发电收益分配的形式发展村集体经济、补贴贫困户个人收入的产业扶贫方式。我国很多贫困地区光照条件好，有着优越的光伏电站建设条件，为光伏扶贫的有效实施奠定了基础。光伏扶贫以科技手段精准扶贫，是产业扶贫的重要组成部分。贫困村通过光伏发电获得的收益，能够用于发展村集体经济，设置公益岗位，兴办小型公益事业，开展奖励补助扶贫等，有效激发了贫困人口的内生动力，显著提升了贫困村的治理水平，为巩固与拓展脱贫攻坚成果、助力乡村振兴提供了坚实的基础。

光伏扶贫是光伏产业与精准扶贫的结合，在推广清洁能源、促进能源转型的同时，发挥了积极的减贫带贫效应。

我国建立了相对完善的光伏扶贫制度安排和运行体系。光伏扶贫建站类型主要包括户用式电站、村级电站、地面集中电站三种。光伏扶贫实行"中央统筹、省负总责、市县落实"的管理体制，且不同部门进行了分工。国家乡村振兴局负责建立协调推进机制，国家能源局、财政部等分别在电站建设计划和管理、资金保障、价格政策、电网运行和电量消纳、建设用地等方面提供支持。省、市、县各级政府建立光伏扶贫领导小组，细化光伏扶贫实施方案和管理细则，推动光伏扶贫政策有效落实，保障光伏扶贫各项工作有序开展。

国家出台了多项政策来支持光伏扶贫项目的发展，2016年印发的《关于实施光伏发电扶贫工作的意见》、2017年印发的《国土资源部　国务院扶贫办　国家能源局关于支持光伏扶贫和规范光伏发电产业用地的意见》和《国家发展改革委关于2018年光伏发电项目价格政策支持的通知》、2018年印发的《光伏扶贫电站管理办法》分别在财政金融、用地补贴、电价补贴、接网消纳方面提供了帮助，全力支持光伏扶贫项目的发展。

光伏扶贫还有助于我国的二氧化碳减排。相关研究表明，在不考虑农业减碳的情况下，在全球布置光伏农业项目可使2.12亿农村人口摆脱能源贫困，二氧化碳排放量年均减少1.05亿吨。南京信息工程大学张慧明团队提出了四项推进光伏农业项目的举措，为可再生能源减贫项目提供了可推广的经验。

光伏扶贫项目（PAPSE）具有调和能源–贫困–气候关系的巨大潜力。首先，光伏扶贫项目在经济上是可行的。近年来，可再生能源的生产成本大幅下降。2010—2019年，全球太阳能光伏（PV）成本下降到原来的五分之一。其次，除少数地区以外，全球大多数国家的日照年等效利用小时数超过1200。

4.1 系统分析概述

随着人们面临的问题越来越复杂，解决问题的难度也与日俱增，采用一般的数学方法往往难以奏效，因此需要将系统思想应用到复杂问题的解决过程中，从而产生并发展了系统分析方法。

4.1.1 系统分析的由来

系统分析（System Analysis）最初产生于第二次世界大战时期，和运筹学同时出现。美国兰德公司在长期的研究中发展并总结了一套解决复杂问题的方法和步骤，并称其为"系统分析"。系统分析的宗旨在于提供重大的研究与发展计划和相应的科学依据，提供实现目标的各种方案并给出评价，提供复杂问题的分析方法和解决途径。

1972 年，由多国科学家和相关组织倡导成立的国际应用系统分析研究所（International Institute for Applied Systems Analysis，IIASA）进一步推动了系统分析的发展。IIASA 通常邀请国际上有名望的系统分析专家就国际重大问题，如人类只有一个地球，以及能源、环境、债务、发展中国家发展战略等进行研究，并将研究报告分送给有关国家。这种通过国际合作，采用系统分析方法解决现代社会所面临的国际重大问题的做法，受到世界各国的关注，是一种行之有效的分析、研究、解决复杂问题的方法和手段。

在采用系统分析方法对事物进行分析时，决策者可以获得对问题的综合、整体的认识，既不忽视内部各要素的相互关系，又能顾及外部环境变化可能带来的影响，尤其是可以通过信息反馈及时反映系统的作用状态，随时了解和掌握新形势的发展变化。在系统状态已知的情况下，研究不同结构关系和最有效的策略手段用以解决复杂问题，以期顺利地达到系统的各项目标，实现系统所需要的功能。

4.1.2 系统分析的定义

从广义上理解，可以把系统分析作为系统工程的同义词。从狭义上理解，系统分析是系统工程的一个逻辑步骤，这个步骤是系统工程的中心部分。系统分析为实现系统工程优化提供了一个逻辑的途径，它贯穿于系统工程的全过程。基于前面的分析，我们认为，把系统分析作为有目的且有步骤的探索过程、研究问题的方法、解决问题的途径、优化的技术、决策的工具也许更全面些。

美国学者夸德（E. S. Quade）对系统分析进行了说明：所谓系统分析，是指通过一系列的步骤，帮助决策者选择决策方案的一种系统方法。这些步骤包括，研究决策者提出的整个问题，确定目标，建立方案，根据各方案的可能结果使用适当的方法（尽可能使用解析的方法）比较各方案，以便能够依靠专家的判断能力和经验处理问题。

综上所述，所谓系统分析，是指利用科学的分析工具和方法，分析和确定系统的目标、功能、环境、费用与效益等问题，抓住系统中需要决策的若干关键问题，根据其性质和要求，在充分调查研究和掌握可靠信息资料的基础上确定系统目标，提出可实现目标的若干可行方案，通过模型进行仿真试验，进行优化分析和综合评价，最后整理出完整、正确、可行的综合资料，从而为决策提供充分的依据。

4.1.3　系统分析的特点

系统分析是指以提高系统整体效益为目标，以得出解决特定问题的最优方案为重点，运用定性分析和定量分析方法，给决策者提供做出正确判断所需的信息资料。系统分析具有以下几个特点。

1．以提高系统整体效益为目标

系统中的各分系统、子系统都具有各自特定的功能和目标，如果只研究改善某些局部功能的问题，而忽视其他分系统或子系统，则很难提高系统整体效益，或者会影响系统整体功能的发挥。因此，从事任何系统分析工作，都必须以提高系统整体效益为目标，不可局限于个别分系统或子系统，以防顾此失彼。例如，在世界杯团体赛上，应以夺取金牌为目标进行参赛人员的集训和比赛安排，只有参赛人员相互协调、相互合作、相互支持才能达到提高系统整体效益的目标。

2．以特定问题为对象

系统分析是一种处理问题的方法，重点是得出解决特定问题的最优方案。许多问题中都含有不确定性因素，有很强的针对性。因此，在进行系统分析时需要研究不确定情况下解决特定问题的各种方案所可能产生的结果。例如，针对足球比赛的排兵布阵，需要针对不同对手、运动员的不同状态等排出不同的阵型，以夺取胜利。又如，针对企业合作伙伴的选取，要根据目前国家之间的关系、不同企业在行业中的地位和发展趋势，以及竞争对手合作的可能性等，提出可操作的建议。

3．以系统价值为判断依据

人们在进行系统分析时，必须对某些事物做出某种程度的预测，或者用已发生过的事实作为样本，以推断未来可能出现的趋势或倾向。由此提供的系统分析资料可能会有许多变数，不可能完全合乎事实，有时将影响系统分析的结论。此外，方案的优劣取决于系统定性分析与定量分析的结果，以及数据与分析者的经验。由此可见，在对方案进行决策时仍应综合权衡利弊，以系统价值为判断依据，以系统分析所提供的各种不同策略可能产生的效益为选择最优方案的依据。

4．以定量分析为基础

定性分析和定量分析是系统分析的常用方法，在许多复杂情况下，仅用定性方法难以取得令人满意的结果，需要采用定性分析和定量分析相结合的方法，并以相对可靠的数据资料为分析依据，以保证结果的客观性和精确性。因此，在应用系统分析方法研究、分析、处理问题时，必须采用科学的调查研究方法，收集一手资料并利用统计资料，采用科学的计量方法，进行恰当的筛选处理，为科学处理问题奠定基础。

4.1.4　系统分析的本质

在系统科学的体系中，系统分析处于工程技术这一层次上，因此系统分析是一种解决复杂问题的方法或手段。那么，系统分析到底是怎样的一种方法呢？

系统分析作为一种决策工具，其主要目的在于为决策者提供直接判断和选定最优方案的信息资料。解决问题的关键是决策，而决策的前提是对信息的掌握与判断。系统分析是为解决问题的决策提供以系统思想为基础的综合信息的方法。

系统分析把任何研究对象都视为系统，以系统的整体最优化为工作目标，并力求建立数量化的目标函数。用系统的观点来理解作为决策依据的信息，可以注意到以下的一些观点：要解决的问题在系统中存在；解决问题是对系统的创建或改造；系统在环境中存在；系统中的问题在功能、结构、环境的关系中表现出来；解决问题的决策涉及所要实现的目标、实现目标的方案及方案的选择标准等。

系统分析强调科学的推理步骤，要使所研究系统中各种问题的分析均符合逻辑和事物的发展规律，而不能凭主观臆断和单纯经验进行分析。在实际中，解决问题的决策往往是一个决策序列。例如，为了解决问题要定目标，定目标要决策；为了实现目标要找实现目标的方案，用什么方法找方案也要决策。当宣布解决问题的方案，即用哪种方案去解决问题的决策已做出时，已经经历了一系列决策，即大决策包含一系列的小决策。由此可知，给大决策提供信息的系统分析包括一些小决策。同时，又可看到小决策既需要信息，也需要进行系统分析。这表明系统分析也是有层次的，即为大决策进行系统分析时所涉及的小决策又有下一层的系统分析。

应用数学的基本知识和优化理论，使各种可行方案的比较不仅有定性的描述，而且基本上都能以数字显示其差异。至于非计量的有关因素，则可运用直觉、经验的方法加以考虑和衡量。

通过系统分析，待开发系统在一定条件下的潜力被充分挖掘，做到人尽其才，物尽其用。

由此可见，系统分析的内容是庞大的，系统分析本身也是不断发展的。针对不同类型的问题会有不同的系统分析方法，针对决策所需特定方面的信息需要使用特定的系统分析方法。

4.2 系统分析的内容、程序与原则

4.2.1 对系统分析的基本认识

系统分析是一种仍在不断发展的现代科学方法，虽然其已在很多领域被采用并取得了显著成效，但这并不是说任何问题都可通过系统分析来研究，因为还要考虑到经济与时效等因素。因此，在采用系统分析方法前，应对以下几方面有所认识。

（1）系统分析不是一件容易的事，更不是省事、省时的工作，需要能力强的系统分析人员通过长时间的辛勤工作才能完成。

（2）系统分析虽然对制定决策有很大的助益，但是不能完全代替想象力、经验和判断力。

（3）系统分析最重要的价值在于它能解决问题较容易的部分，这样决策者就可集中精力来解决问题较难的部分。

（4）系统分析基本上是以经济学的方法来解决问题的，虽然其中所涉及的经济学原理相当简单，但要用该方法解决问题，必须具备相当的经济学知识。

（5）对任何问题通常都有不同的解决方案，应用系统分析方法研究问题，应对各种解决问题的方案计算出全部费用，并对其进行比较。

（6）费用最低的方案不一定是最优方案，因为选择最优方案的着眼点不在于"省钱"而在于"有效"。

4.2.2 系统分析的目的

图4-1非常直观地描绘出系统分析的目的，即通过系统分析找到解决问题、实现目标最优或最令人满意的方案。

图 4-1　系统分析的目的

4.2.3 系统分析的内容

在分析问题时，往往要先定下几个方向，按照每个方向依次进行探讨容易找到解决问题的线索。通过一系列的自问自答，即采用"5W1H"（Why、When、Where、Who、What、How）作为选择系统分析问题方向的一个方法，来指导对某个问题的研究。例如，接到一个系统开发项目的任务，接下来就必须设定问题。通过"5W1H"的自问自

答很容易抓住问题的要点。

这个系统为什么需要（Why）？

这个系统在什么时候和什么样的情况下使用（When）？

这个系统使用的场所在哪里（Where）？

是以谁为对象的系统（Who）？

项目的对象是什么（What）？

怎样做才能解决问题（How）？

这样的问句，除了以上几条还能想出许多。在系统开发的各个阶段所要解决的问题应从宏观逐渐转向微观。因此，针对这些问题的回答也要按照各个阶段进行改变。

通过类似的逻辑推理过程，基本可以确定系统分析的内容要点。从研究的过程来看，系统分析的主要内容包括：收集与整理资料，开展环境分析；进行系统的目的分析，明确系统的目标、要求、功能，判断其合理性、可行性与经济性；开展系统结构分析，剖析系统的组成要素，了解它们之间的相互关系及其与实现目标之间的关系，提供合适的解决方案；建立系统分析模型并进行系统仿真和模拟试验，分析不同条件下可能得到的系统分析结果；评价、比较不同方案，进行系统优化；提出系统分析的结论和建议；等等。

当然，这些内容可以根据系统的复杂程度加以取舍，并非在每次系统分析中全部都要完成。对于一些简单的系统分析，很可能通过逻辑思维的构建与推理即可解决问题，不需要建立复杂的数理模型进行系统仿真和模拟试验。尽管系统建模、系统评价和系统仿真等包含在系统分析中，但是它们本身就是完整的系统工程方法，能够用于处理特定问题。

4.2.4 系统分析的要素

系统分析的要素有很多，美国兰德公司代表人物之一希奇对系统分析的要素做了以下概括。

（1）希望达到的目标。

（2）为达到目标所需的技术和手段。

（3）系统方案所需的费用和可能获得的效益。

（4）建立各种备选系统方案及其相应的模型。

（5）根据有关技术指标或经济指标确定评价标准。

这五个要点后来被人们总结为系统分析的五大要素，即目标、方案、费用和效益、模型、评价标准。

1. 目标

目标是决策的出发点，为了正确获得确定最优系统方案所需的各种有关信息，系统分析人员的首要任务就是充分了解建立系统的目的和要求，同时还应确定系统的构成和范围。希望达到的目标是建立系统的根据，也是系统分析的出发点。目标分析的主要内容包括：分析建立系统的根据是否正确、可靠；分析并确定希望达到的目标；分析并确定为达到目标所需的系统功能和技术条件；分析系统所处的环境和约束条件。

2. 方案

一般情况下，为达到某个目标，总会有几种可采取的方案。这些方案彼此之间可以替换，故叫作替代方案或可行方案。例如，要进行货物运输，可以选择航空运输、铁路运输、水路运输和公路运输几种方式，同时还存在不同运输方式之间的组合运输方式，这些方案针对货物运输的目的（安全、经济、快捷）各有利弊。究竟选择哪种方案最合理就是系统分析要解决的问题。通过对备选方案进行分析和比较，从中选择出最优或次优的方案，是系统分析中必不可少的一个要素。备选方案越多越好。应该注意，"什么也不干"也是一种方案，在确认别的方案比它优越之前，不应轻率地否定它。

3. 模型

所谓模型，是指对于系统的主要要素及其相互关系的本质性描述、模仿或抽象，是方案的表达形式。它可以将复杂问题化为易于处理的形式。即使在尚未建立实体系统的情况下，也可以借助一定的模型来有效地求得系统设计所需要的参数，据此确定各种制约条件，对系统的有关功能和相应的技术进行预测，并将其作为系统设计的基础或依据，或者以此来预测方案的投资效果和其他经济指标，或者以此来了解和掌握系统中各要素之间的逻辑关系。

在系统分析中常常通过建立相应的图像模型（如框图、网络图）与数学模型来计算和分析各种备选方案，以获取各种方案的品质和特征信息。

4. 费用和效益

开发一个大系统需要大量的投资费用，而系统建成之后就能产生效果，带来可观的效益。费用和效益是分析、比较方案的重要依据。用于方案实施的实际支出就是费用，达到目标所取得的成果就是效益。如果能把费用和效益都折合成货币形式来比较，则一般说来效益大于费用的方案是可取的，反之则方案不可取。应当注意，各种方案的费用和效益构成可能很不一样，必须用同一种方法去估算它们，只有这样才能进行有意义的比较。

5. 评价标准

所谓评价标准，是指系统分析中确定各方案优先顺序的标准。通过评价标准对各方案进行综合评价，确定各方案的优先顺序。评价标准一般根据系统的具体情况确定，但标准一定要具有明确性、可度量性和适当的敏感性。费用与效益的比较是评价各方案的基本手段。明确性是指评价标准的概念清楚、具体。可度量性是指评价标准尽可能做到定量分析。适当的敏感性是指评价标准在用于多目标评价时，应力求找出对系统行为和输出较为敏感的输入，以便控制该输入来达到系统最佳行为或输出的效果。

4.2.5 系统分析的程序

任何问题的研究与分析均有一定的逻辑推理步骤，根据系统分析各要素之间的相互制约关系，系统分析的步骤可概括为以下几个。

（1）问题构成与目标确定。当一个要研究与分析的问题确定以后，首先要对问题进行系统的、合乎逻辑的叙述，即对问题的性质、产生问题的根源和解决问题所需要的条件进行客观的分析。其次要确定系统分析的目标，说明问题的重点与范围，以便进行研究与分析。目标必须尽量符合实际，避免过高和过低；必须符合数量和质量要求，以作为衡量标准。

（2）搜集资料、探索可行方案。在问题构成与目标确定之后，就要拟定大纲和确定分析方法，这是解决问题的预备工作。为了更好地解决问题，需要对问题进行全面、系统的研究。因此，必须收集与问题有关的数据和资料，考察与问题有关的所有因素，研究问题中各要素的地位、历史和现状，找出它们之间的联系，从中发现其规律性，寻求解决问题的各种可行方案。这一步工作的好坏，关系到整个系统分析工作的质量。

（3）建立模型（模型化）、分析方案。根据系统分析的目标，建立所需的各种模型，表示出系统的行为。根据不同的目标和要求，应建立不同的模型。利用模型预测每种方案可能产生的结果，并根据其结果定量说明各方案的优劣与价值。模型的功能在于组织人们的思维及获得处理实际问题所需的指示或线索。模型充其量只是现实过程的近似描述，它如果说明了所研究的系统的主要特征，就算是一个令人满意的模型。好的模型应能满足以下要求：能明确地记述事实和状况；即使主要的参量发生变化，所分析的结果仍然具有说服力；能探究已知结果的原因；能够分析不确定性因素带来的影响；能够进行多方面的预测。

（4）综合评价。利用由模型和其他资料所获得的结果，对各方案进行定量和定性的综合评价，显示出每种方案的利弊和成本效益，同时考虑到各种有关的无形因素，如政治、经济、军事、理论等，所有因素加以合并考虑和研究，获得综合结论，以指示行动方针。

（5）检验与核实。以试验、抽样、试行等方式检验所得结论，提出应采取的最佳方案。在分析过程中可利用不同的模型在不同的假设条件下对各种可行方案进行比较，获得结论，提出建议，但是否实行则由决策者决定。

（6）任何问题仅进行一次分析都是不够的，一项成功的系统分析是一个连续循环过程，如图 4-2 所示。

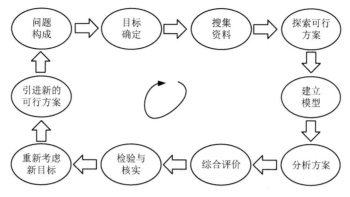

图 4-2 系统分析的连续循环过程

（7）实施方案。这是解决问题的实际阶段。在实施方案过程中，要根据出现的新问题，对方案进行必要的调整和修改。为了防止实施方案过程中可能出现的不平衡和偏差，需要对全过程实行系统控制，直到问题完全解决为止。

（8）总结提高。问题解决后，需要对解决问题的全过程进行综合分析，为解决新的问题提供可借鉴的经验。

4.2.6 系统分析的原则

系统分析要解决的问题常常是错综复杂而又困难的，在分析时往往有许多前提条件需要做出假设，并且有许多因素是随时变化的，分析过程中又不断受系统分析人员和决策者价值观的影响。因此，在进行系统分析时应当遵循以下原则。

（1）坚持以系统目标为中心。

在对系统方案进行分析并做出选择的过程中，必须紧紧围绕系统目标。脱离系统目标而盲目追求技术先进化、投资费用节省化、社会效益高回报化都是不正确的。对系统目标的理解与掌握越透彻，就越能在错综复杂的环境下正确地选出所需要的最优方案。

（2）局部与总体相结合。

在进行系统分析时，必须把要解决的所有问题看作一个总体。但在具体分析时，系统分析人员的一个主要任务是努力揭示出系统中各局部问题之间的相互关系，以及各局部问题对总体所产生的影响。系统分析人员把系统中各要素之间的关系揭示得越清晰、越透彻，提供给决策者的信息就越全面、越可靠、越有价值。同时在进行系统优化时，从系统总体出发，各子系统的最优选择必须服从系统的总体优化，必要时甚至可放弃个别子系统的最优来达到总体最优的目的。

（3）定性和定量相结合。

定量分析、数量化指标的满足程度，是评价方案优劣的重要依据。但是一些政治因素、心理因素、社会因素等，不一定都能通过建立定量模型进行分析，因而不能忽视人在系统分析中的积极影响，即不能忽视系统分析人员和决策者通过直观经验进行综合判断的重要性。也就是说，不能忽视定性分析在系统分析中的作用，系统分析要求定性分析和定量分析相结合。

（4）致力于抓住主要矛盾。

在系统分析过程中，我们遇到的矛盾错综复杂，必须注意剖析矛盾的机理，从中抓住主要矛盾并提出解决矛盾的途径、方法和措施。必要时要大胆舍弃细节，以求问题的整体把握。

4.2.7 应用案例

| 案例 **4-1** | 美国兰德公司网络战分析 |

本节以美国兰德公司网络战分析报告为案例，讨论系统分析方法在网络战分析中的应用。

1．问题构成和目标确定

网络及信息媒介在经济和国防建设中具有举足轻重的地位，如何对其进行有效的安全保障已成为一个重要的利益问题。鉴于网络空间对经济和国防建设的重要性，对网络及信息媒介的保护已经变得至关重要，甚至关乎国家利益。有一些网络攻击者的目的是获取金钱，有一些网络攻击者的目的是窃取信息，还有一些网络攻击者的目的是扰乱攻击目标的行动。未来的战争极有可能部分甚至完全在网络空间内展开。美国空军第 24 航空队及美国网络战司令部的成立，标志着网络空间与传统的陆地、海洋、天空及太空一样，成为军事领域的一部分。美国空军要在网络战中做出大量决策，由于网络空间独有的特点，所以不能生搬硬套地运用其他传统战争形式的决策方式。在这个背景下，选择什么样的网络战决策方式，是美国空军在发展网络战新能力时需要考虑的关键问题。

2．资料收集

（1）网络空间和网络攻击的特点。计算机系统只能严格按照其设计者与操作员的意愿来执行各种功能，事实上它的一切行动只依赖于自身指令或系统设置。网络攻击是指依靠欺骗诱使系统做出违背设计者初衷的事情。归根结底，系统遭到入侵是因为系统自身存在缺陷，所有攻击系统的路径都是由系统自身提供的。

（2）不同战争形式的作战决策方式选择。当国家面临威胁时，有三种选择：防御、解除对方武装和威慑。在陆地战争中，作战决策重点首先是解除对方武装，其次是防御；在海战中，防御只发挥非常小的作用；早期的空战将作战决策重点聚焦于威慑，后来朝着"防御—解除对方武装—威慑"三角形的中心移动；在核时代，防御几乎不可能，作战决策重点在于威慑；在网络战中，解除对方武装是不可能的。

（3）网络战经费的投入情况。网络战的绝大多数经费花在防御上。美国空军第 24 航空队司令洛德提出，将 85%的网络行为用于防御，另外 15%的网络行为用于针对地方网络战的攻击。即使是具有明确网络进攻任务的美国国防部，也需要将更多的经费用于网络防御而非进攻。

3．可行方案及其评价

在网络战中，可行的战争模式主要有以下几种：威慑、防御、战术网络战和战略网络战。

（1）威慑。首先，网络威慑无法像核威慑一样有效。在美国考虑网络报复时，很多在核威慑甚至传统威慑领域都丝毫不起作用的问题，在网络空间内就成了问题，如溯源、预期反应、持续供给能力及反击选择有限等问题都是网络威慑的重要障碍。其次，威慑的可信度依赖于优秀的防御能力。防御能力越强，地方的网络攻击越难成功，网络威慑策略就越少被考验，其可信度就越高。此外，优秀的防御能力也能够增强美国报复威胁的可信度。当考虑使用网络威慑手段时，应考虑先用尽其他手段，如外交手段、经济手段及法律手段。

（2）防御。网络防御的目的是在面对敌人的进攻时确保该军事实力的正常发挥。如果能够完全排除所有的网络危害，当然能够达到目的。如果无法做到这一点，那么网络系统的健壮性（包括可恢复性）、完整性，以及保证机密性的能力则是退而求其次的实际目标。此外，如果第三方攻击者不具备国家黑客的精深攻击能力，那么网络系统可通过优秀的防御能力消除第三方干扰，同时使溯源工作更容易。要想避免一个军事系统被网络攻击击败，就必须了解该系统可能出错的方式，必须在机器逻辑层面与操作层面（也就是作战层面）积极发现故障，而军用网络需要的大多数网络防御工具与技术都与民用网络相同。

（3）战术网络战。战术网络战指的是在战争期间针对敌方军事目标发动的网络攻击。由于破坏性的网络攻击能够推进或放大实体攻击的效果，并且战术网络战的成本相对低廉，因此值得发展。然而，实施成功的网络战不仅需要技术，还需要重复了解敌人的网络，包括技术层面与战术层面，后者甚至更重要。在战术网络战中，网络攻击是否可行及攻击效果预测准确度都取决于目标的复杂性。在最理想的情况下，战术网络战也只能迷惑、阻挠地方军事系统的操作人员，并且这种效果是暂时的。战术网络战适用于一次性打击行动，而非长期战役，美国空军应该保守使用。

（4）战略网络战。战略网络战指的是针对地方国家基础民用设施进行的网络战。从被攻击者的角度来看，当系统受到攻击后，他们可以很快发现系统中的漏洞并进行修复或隔离，如此一来系统就变得更加牢固、难以击破；从攻击者的角度来看，必须考虑如何防止网络战升级为武力对抗，即使是战略性的武力对抗，此外如何结束网络战也是个麻烦的问题。由此看来，单独依靠战略网络战只能骚扰敌人，不能解除他们的战斗力，战略网络战不应该被置于优先发展的地位。

综上所述，网络防御仍然是美国空军在网络空间内最重要的活动。虽然保护军事网络所需要的大部分知识都与民用网络的防御知识相同，但二者还是有很多不同的。因此，美国空军在规划建设网络战目标、体系结构、政策、战略及战术能力时，必须认真考虑。

4.3 问题分析技术

4.3.1 问题分析概述

问题分析是以系统思想指导解决问题的一种方法，它还把经验纳入一种规范的结构中，单纯依靠经验解决问题更有效。问题的类型较多，从时间上可以分为发生型、探索型和设定型，按目的不同又可以分为问题解决型和课题达成型。本书中涉及的问题类型是比较单纯的，然而却是发生频率较高的。相对于正常状况而言，若未达到预期绩效或绩效低且原因不明，则可视为出了问题。问题分析技术是在探讨及处理绩效低问题的过程中，进行资料收集、分析、思维协调的系统方法，其目的是找出真正的原因。

现实中存在许多问题分析技术的处理对象。例如，车间里的 A 号机床加工效率始终未达到设计标准的 70%，试过多种方法，但仍没能解决该问题。又如，公司的主流产品智能手机的返修率升高。

并不是任何问题都可以利用问题分析技术进行解答的，如公司目标利润比去年增长20%，但公司潜力有限，这是一个大问题。

绩效下降问题的结构如图 4-3 所示。

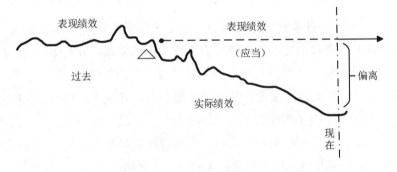

图 4-3 绩效下降问题的结构

从系统的角度来看，导致绩效下降问题的原因是某个系统的功能出了问题。根据结构决定功能及功能与环境的关系可知，其原因可归结为某个系统的结构出了问题，或者系统运行的环境出了问题，或者输入发生了变化。根据系统的层次性原理，事物可以从许多层面上看作一个系统，因此即使知道实体系统的功能有了问题，仍然需要找到问题存在的层面。例如，某企业的利润出了问题，到底在什么地方出了问题呢？该企业中的人事管理系统、产品质量管理系统、财务系统或市场环境都可能导致利润出问题，到底是什么导致的呢？因此，找出问题的产生的根源可归结为两步：首先，找到功能不正常的那个系统；其次，找出差错的具体位置。

4.3.2 问题分析技术的结构

问题分析技术的结构如图4-4所示，其具体步骤主要有以下几个。

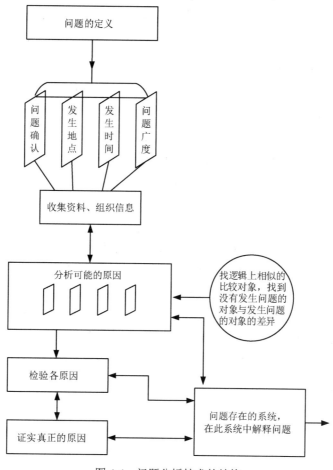

图 4-4　问题分析技术的结构

1. 问题的定义

问题的定义是指确认应有状态和现实的差距，如对于某种绩效的下降，要确认绩效的下降已超出正常波动范围。换句话说，就是要明确真实存在一个需要解决的绩效问题。

2. 从四方面来收集资料、组织信息

从原理上说，任何解决问题的方法总是包括收集信息与分析信息的过程。不同的方法在收集信息与分析信息方面会有特定的技术。美国兰德公司的问题分析技术在收集资

料方面形成了一套技术，主要从以下四方面来收集资料、组织信息。

（1）问题确认，即发生问题的对象与范围的缩小。例如，某公司销售缝纫机，已在问题的定义中肯定了缝纫机的销量下降，该公司销售多种型号的缝纫机，是否每种型号缝纫机的销量都下降呢？此时就要在型号的意义下确认问题，如"A类缝纫机的销量下降，其他型号缝纫机的销量正常"就属于问题确认的内容。又如，一台电视机出了问题，如果确认为"不出图像"，则也是问题确认。一般开始定义问题时的信息可能是比较泛化的，需要进一步确认出问题的具体对象。例如，一个总经理所看到的数据往往是综合的数据，如果看到销售利润下降，则在对象与范围上值得做进一步深究。

（2）发生地点，即从空间方面来描述与记录问题。例如，缝纫机的销售可能有许多地域市场，如华东市场、西北市场、中南市场、欧美市场等，是哪个地域市场的销售出了问题呢？这需要进一步确认。又如，某企业一台大型数控机床失常，应把该机床的空间位置描述出来，如"在车间中间的机床失常"。

（3）发生时间，即从时间方面来描述与记录问题，如问题的首发时间、随时间变化问题的变化规律、问题变化是否有周期性规律等。

（4）问题广度，即问题的严重程度，如问题的范围有多广的信息记录。

3. 分析可能的原因

对上一步获得的信息加以处理，分析可能的原因是问题分析技术的关键。那么该用什么方法来处理信息呢？采用的方法是找出逻辑上相似的对象进行比较。针对四方面的信息，把有可比性且没有发生问题的对象与发生问题的对象进行比较。找出没有发生问题的对象与发生问题的对象在广义的时空上、功能上、对象方面的差异，或者以时间、空间、功能为线索把没有发生问题的对象与发生问题的对象之间的差异找出来。

例如，A类缝纫机的销量下降，而C类与A类是同档次的机型，C类缝纫机的销量并没有下降，于是就有A类缝纫机与C类缝纫机在销售地点上有无差别的辨认。又如，A机床与B机床是同一厂家的产品，A机床的运行有问题而B机床的运行却没问题，B机床与A机床又是同类机床，于是可以在A机床与B机床之间进行差异比较。任何系统的时间结构或过程总是重要的，时间上差异的比较包括过程与流程上（广义时间上）的差异。

实际上，没有发生问题的对象是一个参考系，重要的一点是要对可比较性进行把握，两个完全一样的对象在理论上可能不存在，但在某一方面相似是可能的。

其实这种思路在日常生活中也是常用的。例如，室内灯突然熄了，室内的人可能会马上出门看看别人家的灯是否亮着，以此就能判断是室内电路或灯故障了还是停电了。又如，某人打字速度慢，找一个打字速度快的人比较一下动作的差异，就可找到打字速度慢的原因。

在几个可比较对象中进行差异比较，要找的原因就包含在差异中，这是比较的信念。围绕四方面找一些对象列出其差异,这是处理信息的核心技术。

通过提问"有什么不一样"或"有何特异之处"可以找到一些不一样的信息,而这些信息往往能带出可能的原因。例如,A 车床在车间中间位置发生了故障,而 B 车床在车间角落里没有发生故障,于是就有了"所在的位置不一样,也许会使人想起这两台车床使用的不是同一路电"的信息,由此可导出电路有问题是一个可能的原因。

4. 检验各原因

上一步得到了一些可能的原因,这一步就要用排除法进行筛选,找出最可能的原因。有较多的方法可以实现这一目的。一种常用的方法是把各原因中对问题发生的现象解释能力最强的原因首先列出。同样也可用"如果是这种原因,就该有 a 现象,而现在没有 a 现象"来排除部分原因。在实际中,有时在现场可以用改变原因的方法来检验,如对前面所说的猜测电路有问题,可把车间角落的电路接到车间中间位置的车床上试试。

5. 证实真正的原因

排除或列出重点原因之后,要进一步证实真正的原因,这一步可能又要组织另一些信息或进行推理。

例如,某公司有两台同型号的装卸机,A 装卸机工作正常,B 装卸机工作不正常。后来发现 A 装卸机在一个加油站加油,B 装卸机在两个加油站加油,而 B 装卸机是在某个加油站加油之后工作不正常的。一个可能的原因是该加油站的油有问题。到底是不是油的问题呢?可直接进行检验。

分析表明,美国兰德公司的问题分析技术由一个小团队使用时效果更好。当然,这要求这个小团队的成员均掌握这种技术,这样他们可以有共同的思路。当这个小团队中有所谓外行人参与时,可能会有更好的效果。

4.3.3 应用案例

案例 4-2   一号机的漏油

"为什么"这个简单问句不足以代替问题分析技术中的四个问句。然而每当出了差错之后,我们的直接反应就是问"为什么",然后便在一大堆答案中寻找,希望能够立刻找出发生问题的真正原因。老板雇佣员工,是因为他们具有专长和经验。如果对于作业中所发生的问题不能找出答案,那么这些人将丢掉他们的工作。因此,问"为什么"这种反应,被认为是正常的。

一家大型食用油脂加工厂拥有五套滤油设备,并且分别由五组人员加以操作。有一天,一号机领班发现一号机漏油,使得地面上到处都是油。"为什么?"领班立刻要求找出原因。"为什么?"组员也响应。"可能是过油阀门开关受震动而松开所致。"一位技师说道。于是需要检查过油阀门开关及相关管路。

第二天油仍不断漏出。一名机工确定了出渣舱为漏油处，但仍不知原因所在。为安全起见，该机工将刚换过的新缝隙垫片另外换上一片新的。结果出渣舱仍然继续漏油。

这时，有人说可能是因标准操作程序在清残渣后，标准扳手未加以锁紧所致。因为以前曾发生过有人未将标准操作程序规定的标准扳手加以锁紧导致漏油而被记过的事件。然而在重新锁紧标准扳手后，出渣舱仍然漏油。

隔天，厂长集合五个滤油设备相关的全部工作人员，一起将一号机停机并分解，试图集众人的经验、技术与智慧，找出漏油的真正原因。

如果不是这位厂长开始有系统地考虑此问题的话，那么漏油可能永远无法停止。"这些新缝隙垫片有什么不对劲？"这个问题使大家发现，一号机使用的缝隙垫片是方形的，而其他机型使用的缝隙垫片都是圆形的。

于是，厂长下令调查该垫片是何时开始装上去的，其用途及规格是否有问题。调查结果表明，一号机的确是在装上该垫片后才开始漏油的。同时，还查出此种方形垫片虽比原来的圆形垫片单价低，但较厚，显然并不适合用在一号机上。采购单位当初也没有询问清楚，在完成公司规定的比价程序后，即加以采购。

发现了这一点使得每件事情都有了不同的意义。现在再也没有人对这个现象问"为什么"了。他们反而将注意力集中于"方形垫片与圆形垫片相比有何特异之处"，开始注意与厚度有关系的可能变化，并注意到一项特异之处，即"较厚的垫片显然并不适合用在一号机上。"

该工厂的工作人员如果继续问"为什么"则可能永远找不到问题的原因。然而一旦有人提出"何时"这个问题，并且得到解答，参与解决问题的人便能将他们的技术专长集中于最能发挥作用的地方。

不管问题的内容如何，要想寻找特殊而精确的答案，就要能够提出特殊而精确的问句。

4.4 潜在问题分析技术

4.4.1 潜在问题分析的含义

潜在问题分析是一种思考模式，使我们能够改变和改善未来的事件。它是一种有系统的思考过程，使得我们能发现和应对那些如果发生将造成伤害的潜在问题。它关注一个系统、一个组织或一项活动将来的运行状况，以及将来会发生的有碍正常运行的事，目的是做到事前采取必要的防范措施。

对一项活动、一项决策实施的可能后果及实施过程中的不可控事件或偶发事件进行预估是科学决策必不可少的步骤。当然，未来的事件也可能是意外的好事，而潜在问题分析技术所关注的主要是有碍正常运行的事。

例如，筹划一次旅行，旅途中天气的突然变化就是一个潜在问题。又如，组织一次庆典，计划中的某位重要人物缺席的可能性也是一个潜在问题。

系统运行的良好现状很重要，其未来的正常运行同样重要。一个管理者可能发现了影响未来的某些征兆而抓住了机会，也可能没有在必要的时机采取措施而最终造成灾难。实际上，几乎没有必要在理论上讨论关注未来的重要性的问题，人们普遍关心的是如何关注未来的问题，或者说是有效地关注未来的方法，或者说是对潜在问题的思考模式。

潜在问题分析使我们能够走进未来，看看未来可能发生的与系统运行有关的情况，然后回到现在，在最能产生效果的时机采取行动，而不是顺其自然，在事后抱怨运气不好，也就是以今天有意识的努力对将来系统的正常运行起到保护作用。

当然，潜在问题区别于现实问题，潜在问题对现在的压力是将有可能造成的损失转化为特定的表现形式，急功近利者很可能会忽略潜在问题。

4.4.2 潜在问题分析的要素

潜在问题分析有两方面，可从这两方面展开对潜在问题的系统思考。一方面是系统正常运行的各环节有什么因素可能会出错；另一方面是现在能做些什么来应对它。

具体地说，潜在问题分析由下列四步构成。

（1）找出计划、作业、方案、系统运行的弱点或薄弱环节。现实中的系统往往会对某些方面或外界某些因素的变化更敏感。例如，做得最好的气球总是存在一些弱点。

这一步可按过程展开，即把系统运行（一项活动）过程中的各个要素或环节描述出来，当然这会用到系统结构分析的技巧。

（2）从这些弱点中找出能够对系统的运行产生相当大的不利影响值得现在就采取行动应对的潜在问题。

例如，在夏天卖西瓜，很自然的一个弱点是西瓜的保存成本很高，而使该弱点产生较大影响的是天气的突变，如气温下降得太快或连续几天阴雨等。

（3）找出这些潜在问题可能的产生原因和能够防止它们产生的行动。有些潜在问题的产生原因是可以改变的。例如，对于一座桥梁，特殊的振动频率引发共振会导致其倒塌是一个潜在问题，过桥的列队士兵齐步走就是该潜在问题的一个可能的产生原因，要求队伍过桥走便步就是一种防止该潜在问题产生的行动。

如前面所说的夏天卖西瓜问题中的天气突变，虽然也可找到原因，但可能是无效的，即使找到原因也是不可改变的。因此，要越过原因的讨论而直接寻找防范的办法。

（4）设想如果预防行动失败或任何预防行动都无效，应如何紧急应变。

紧急应变的设想，自然是指设想第（3）步中的行动未达到效果的情况，这一步活动使得在最严重的后果发生时不至于措手不及。也许这一步的活动可使预防行动体现出价值，对于重大的不允许冒风险的计划往往都应制订几种应急方案。

4.4.3 潜在问题分析的价值思考

潜在问题分析的价值往往是对风险的防范。但是，用一定的资源去防范潜在问题，甚至花精力去分析潜在问题都是有成本的。这样就导致了一个成本与收益的问题。所谓的收益是从降低风险中转化而来的。因此，花太大的代价去防范不太可能发生也不会产生严重后果的潜在问题当然是不必要的，有时甚至花时间去分析潜在问题可能也是不值得的。这就需要进行综合分析，既要有防范之心，也不能畏缩不前。对潜在问题的分析深入下去可能成为风险分析。

4.4.4 应用案例

案例 4-3　　　　　　　　　　　　工厂落成典礼

一座耗资百万美元的超级标牌工厂即将于上海地区落成。由于建立此标牌工厂为该地区首创之举，并且其将于今后担负起当地模范工厂的示范责任，担当对国外重要贵宾开放参观的重要工作，因此工厂落成典礼当天将有许多当地政要、商贾名流、国际巨星、国外客户，以及一位来自日本的著名管理权威人士吴博士剪彩，同时由吴博士发表演讲。

因此，该企业负责人李总经理指示公关部麦经理，运用潜在问题分析的程序，负责规划此次工厂落成典礼。

1. 对容易出问题的地方提问

麦经理预设典礼将于工厂的前广场上举行，所问的第一个问题便是："就这个典礼的成功而言，最易出问题的地方在哪里？或者说使此典礼不能顺利举行的因素有哪些？"他根据经验、判断力和常识，列出了以下最可能的答案。

（1）天气：下雨或强风可能干扰典礼的举行。

（2）人物：典礼中的大人物可能不来。

（3）设备：设备可能不够到场的大批参观者使用。

（4）混乱：人们可能不知道要往哪里走。

（5）外观：会场可能凌乱、不整洁。

像这类情况，都可能使典礼无法按照预定计划举行。举例来说，来自日本的著名管理权威人士吴博士将发表演讲，如果吴博士到场演讲，那么可能没有问题；如果吴博士迟到或缺席，那么节目便会受到影响。找出计划中潜在问题的方法常常是审视人们计划要做的事情，想想如果计划失败的话，那么什么事情会使我们受害最大。

另外一种找出计划中潜在问题的方法便是按时间进度逐项观察，将计划的每个步骤定出来，即确定"从现在到整件事情结束，我们必须完成些什么事情"。当我们将这些步骤都定出来之后，那些可能发生问题的地方便会显现出来。任何以前没做过的事情，都可能发生问题。此外，任何责任或权利重叠的活动一样可能发生问题。这些地方都很可能将潜在问题变成真正的问题。另外，负责人遥控而非直接控制的活动也容易发生问题。

麦经理所列出的第一项天气就是某种不测之事。一个人无法计划天气，他只能假定天气最可能怎样。工厂落成典礼的整个计划都是以良好的天气为根据的，如果天气不好该怎么办呢？

没有任何计划能够完全按照所想象的那样进行，因此我们可以百分之百地认为，这一工厂落成典礼的计划会出现脱节和疏漏的地方。大部分的疏漏都为人所忽视，并且很快就会被人忘记了，然而有些却是让人永难忘怀的恐怖故事。我们可能都听过以这种话开头的故事"还记得那个在上海成立的超级标牌工厂的落成典礼吗"。找出计划中那些极易出错的地方，可以避免增加这类供茶余饭后聊天的故事。危及整个典礼成功的事件并不会太多，因此我们没有理由不去把它们找出来。

定出一项计划的步骤以便找出问题，与单纯地将所要做的事情列出来，这两者之间有很大的差距。在潜在问题分析中，先找出容易出问题的地方，进而找出可能发生的特定问题，接着我们便能够找到应采取的特别行动，这正是意愿与具体方法大不相同之处。

2. 找出特定的潜在问题

要找出特定的潜在问题，我们必须明确指出个别事情发生的时间、地点和程度等，这些个别事情是我们所找出的最可能出差错的事情。例如，只说天气容易出问题太笼统了。关于天气，有什么特别容易出差错的事情吗？如果考虑到季节、月份因素，那么这个典礼可能会受到两个特别潜在问题的威胁，即暴风雨和大风。暴风雨可能会在傍晚发生，气象统计表明发生的概率为 10%，可以说高到不能予以忽视的程度。大风则没有那么严重，气象统计表明发生的概率不到 5%。

天气这一潜在问题的范围缩小至"傍晚发生暴风雨有 10%的概率"，之后麦经理便有具体的思路了。他考虑采取一些措施，评估暴风雨对他的计划可能产生的威胁。然而为了节省时间，他认为大风的威胁微不足道，不值得让他进一步考虑。

麦经理所找出的第二项问题是"设备可能不够到场的大批参观者使用"。他把注意力转向两种设备，即供重要人物使用的设备和供一般大众使用的设备。在每项大标题下面，他都列出一些特别的潜在问题。就供一般大众使用的设备方面，他想出了以下潜在的设备不足问题。

（1）汽车及观光巴士的停车空间不足，会造成严重的拥挤及混乱。

（2）没有足够的卫生设备容纳人群，许多卫生设备都是在封锁的安全区内的。

（3）在典礼区没有水龙头。

（4）座位不足。

（5）垃圾桶或垃圾容器不足。

这些特别的潜在问题，每一个都可以详细描述，每一个都可以独立评估，即评估其对于这个典礼的成功而言有多严重的威胁。几分钟之后，麦经理便列出一张潜在问题清单，这些潜在问题都是为确保典礼成功所必须处理的，现在他可以开始思考所要采取的行动了。

3. 找出可能的原因和预防行动

任何分析潜在问题的人都可以采取两种行动，即预防行动和应变行动。预防行动的效用是除去一项造成潜在问题的可能原因。应变行动的效用则是降低无法预防的问题的影响。预防行动显然比应变行动有效率得多。

麦经理首先寻找方法，以防止所找到的每个潜在问题的发生。有什么方法可以防止暴风雨发生吗？没有。不过可以防止暴风雨扰乱典礼的进程。由于暴风雨通常发生在傍晚，因此他便将演讲时间重新安排，使典礼在下午一点左右就结束，参观活动可以在典礼之后开始。这样即使典礼当天有暴风雨，也不会有什么影响。

另一个特别的问题则牵涉到吴博士，也就是典礼的演讲人。他可能会迟到或在最后一分钟取消演讲，这对典礼的影响很大，于是麦经理安排一名下属在典礼前两周、一周及两天前打电话给吴博士，确定没有任何变化。同时，他也要求这名下属跟其他贵宾保持联系，以确定他们是否如期参加。

设备问题则在麦经理的控制范围之内。他清理了一些区域，并以标线划分临时停车场。他还向当地一个商家租用了一些流动厕所，并把临时性的水龙头都装好。垃圾桶则从该企业其他部门借来，置于典礼区四周。额外的座位也予以妥当安排。一点一点地，他改正了所发现的不足之处。

他所列出的潜在问题，大部分都是可以用简单且成本低的预防行动来防止的。一个典型的问题是"人们可能不知道要往哪里走"。对此，麦经理的一名下属开车进入该工厂，假装以前从未来过，这个行动使他能够检查交通标识是否清楚、位置是否恰当等。他发现这里的标识太少也太小，同时又太靠近转角，驾驶员没有时间反应。于是他们印了一些大的纸板标识，并于典礼当天早上放置到适当的位置上。其他一些指示节目时间的标识，也准备妥当，并张贴出来。由于这些特别的潜在问题都事先找了出来，所以能够找到预防的方法，而且这些方法几乎完全解决了问题。

4. 找出应变行动

有些特别的潜在问题不能预防。如果吴博士经过一再联络，最后仍然没有来演讲，那该怎么办呢？对此，麦经理安排了一位后援演讲者，这个人可以随时替代吴博士上台演讲。事实上，他还为节目中的每项活动都安排了一个备用活动。他还在演讲台上搭帆布篷，以防止下雨和烈日对典礼的影响。另外，他还在演讲台附近的一栋建筑内安排了一处接待区，以备避雨之用，这样不管发生什么事，这个典礼都能继续下去。

此外，麦经理还向第二家旅馆预订了一些房间，以备在第一家旅馆所订的房间出差错，或者有意外之客光临时使用。他还加派了车辆，以避免接送贵宾时发生问题，该企业一些拥有旅行车的职员也被动员起来组成一个紧急备用队伍。

为预防清洁工没有将会场清理干净，他们将调用一队"童子军"，作为最后一分钟的清洁队伍。该企业以日后让他们参观作为报酬。这些"童子军"同意当天留下来执勤，在典礼过程中清理垃圾。该企业还额外提供了一些垃圾容器，以方便这些"童子军"工作。

这些应变行动的着眼点是使无法预防的问题的影响降至最低，并处理那些最可能发生麻烦的状况。这将使麦经理及他的下属有时间和余力去处理其他意外的问题。他们满怀信心地迎接这个伟大的日子，深信他们已经做了一切力所能及的事，能使这个典礼顺利地举行。这个典礼将不会因为纷乱和错误而受到扰乱。

5. 结果

事实上那天并没有下雨，天气特别好，以至于参观的人数几乎是预期的两倍。

吴博士由于家中有人去世，在典礼开始前不到 8 小时取消了这一场演讲。那位后援演讲者如他所承诺的那样上台演讲。节目进行得非常顺利，没有一点脱节；临时停车场几乎停得满满的，但每个人都有位子；交通顺畅，没有发生事故；来宾虽多，卫生设备却也足够用；秩序井然，群众相当满意；"童子军"跑进跑出，拣拾垃圾，充分利用了那些额外的垃圾容器。

整个典礼从头到尾都很顺利，很好地体现了麦经理的组织能力。尽管这个典礼计划得很好，并且很正确地处理了所发现的大部分问题，使那些曾经参观过的人日后都说："记得那个在上海成立的超级标牌工厂的落成典礼吗？真是成功！"但仍无法避免一些意外状况的发生。

这个案例的启示是，不管你如何努力，可能还是无法将所有问题一一清除。然而如果你能提供一个良好的后援演讲者，以及足够的卫生设备，那些参观者将会欣赏你的表演，而忽略那些意外出现的小问题。

要想完全没有意外是不可能的。潜在分析问题的目的并不是保证你的方案、计划和典礼完全不出差错，如果这样做的话，其成本会超过收益。潜在问题分析的目的是将未来的不确定性降低至可以管理的程度，并且避免某些事情的发生。对于这类事情，人们常在为时已晚时感叹"当初为什么没有人想到呢"。

4.5 目标的系统分析

目标的确定是系统分析中的关键所在。一般来说，确定目标不是一套标准化程序能解决的问题。对目标在人类行为中的重要作用的透视，对于理解目标、确定目标都是十分有益的。本节就目标展开系统分析。

4.5.1 目标的位置

离开目标谈科学决策是难以想象的，目标是决策的一个基本前提。在任何决策中，都存在决策所依据的目标，它们或是明确表达的，或是隐形的，或是不必表达的。有了目标才会有实现目标的方案选择，才会有有效的决策。

系统分析的目的是获得决策所需的信息。确定目标是系统分析的重要内容。正如霍尔所表达的，正确的目标比选择正确的方案更为重要。如果有一套确定正确目标的普适技术，按此技术操作即可得正确目标，那么这套技术可能是最受欢迎的，但这样的技术是不存在的。

对一个系统而言，从系统现状出发，先确定目标，然后对各备选方案做出决策，最后开展行动得到相应的结果。针对目标的有效行为或实现目标的行为产生的结果并不意味着系统现状的改善。例如，一些企业开发或引进了计算机管理系统，就计算机系统的目标而言是无可指责的，然而就其解决企业面临的问题而言，可能并不令人满意。

我们可以从两方面来理解正确目标，即指导行动所要求的正确目标与系统现状改善所要求的正确目标。这两者能否得到较好的协调呢？

系统工程或系统分析的效果更多地体现为在一组确定的目标下实现这一目标的效果。

人们从 20 世纪 60 年代开始把系统工程方法的应用领域延伸到政策设计等领域，并且发现系统现状改善所要求的正确目标与指导行动所要求的正确目标很难接轨，即指导行动所要求的正确目标受到系统现状改善所要求的正确目标的挑战。从系统现状改善出发进行研究到获得正确目标是一个十分复杂的研究过程。

从一个系统现状到行动后果的全过程来观察目标，不难发现以下两点。

（1）决策必须依赖目标。

（2）从系统现状确定可行动的目标是困难的。

简单地说，系统面对着"做什么"及"怎样做"的问题。"怎样做"可使用既定目标下的选择技术，而"做什么"却不能像"怎样做"那样用一般性硬技术来解决。虽然技术在向"做什么"的领域延伸，但这种延伸是有限的，人类永远有"做什么"的问题。另外，目标虽然也可以进行选择，但这种选择却排斥优化技术，至少部分排斥。

4.5.2　目标导向的问题类型

现实世界中的一类问题可以由以下方式表达：存在着一个当前状态 S_0 和一个希望状态 S_1，并且有各种方式可从 S_0 到达 S_1，则 S_1-S_0 表示了要实现的目标。目标分析就是为了把 S_1-S_0 用更清楚、更清晰的方式表达出来，同时要求表达出来的目标是合理的、可行的，这类有一个 S_1 作为基础的问题成为目标导向型问题。

这种类型的问题是管理决策中较常见的，如企业的利润目标、次品率目标、物耗目标等都可以用这种方式表达。但通常单一目标的情况并不太多，目标导向型问题往往有一个目标集。

4.5.3　目标的基本要求

目标的基本要求表现在以下几方面。

（1）目标的单义描述，即对一个目标的理解不能因人而异。例如，某同事委托你："你这次去香港，请给我带件好的衣服回来。"也许你接到这种委托就会觉得这事难办。

（2）目标需要落到实处。这里的落到实处并不是指执行目标，而是指一个概括性的目标表达要层层展开，直到落在若干单义的子目标上。例如，"改善城市环境"要落实在水质、大气、废物处理、噪声等若干方面。

（3）目标必须有一个衡量实现程度的标准，通常用一套评价指标体系来衡量。

4.5.4　目标的层次性

目标的层次性是系统层次性原理的反映，也可以说其源于决策的层次性。可以从三方面来观察目标的层次性，即横向、纵向与时间。

横向反映了系统是由块组成的。以一家公司为例，在公司最高层有公司的战略目标；实现战略目标的行动或策略又是下一层子公司工作的起点与确定目标的依据，并构成了横向的几个子公司的目标；子公司中又有向下的横向单位……这样就构成了一幅横向目标的层次图。

在系统分析中，对目标需要在上、下层次的相关性中加以把握，即分析所在层次的目标时，要考虑相关的上层目标及下层目标。上层目标并不能直接转化为决策目标，同时决策目标也不能直接转化为下层目标。目标在各子系统中的分解也是一个需要分析的问题。

纵向是指条意义下的目标层次，主要是指将目标按属性展开，即把一个具有更广泛外延的属性落实在一系列由子属性描述的层次结构中，用内含更具体的子目标表达目标。这种层次结构在建立目标评价体系时是相当重要的。

时间上的目标层次是指关于不同时间尺度的目标的层次性，如围绕长远目标可有一系列阶段目标。这种层次性与横向层次关系密切，往往横向层次越高，时间尺度就越长。较低层次的横向目标，往往时间上的层次也较低。对于不同时间尺度目标之间的协调性需要慎重把握。

4.5.5　多目标之间的关系

决策问题往往涉及多个目标，各个目标的度量量纲也可能不一样，目标与目标之间可能会形成各种关系，建立目标体系时各主要目标的属性是独立的，其重要性要处在同一层次上。例如，"降低成本"和"降低管理费用"不能作为两个并列目标出现在目标体系中。又如，"增加产量"和"降低管理费用"一般也不能并列，因为"增加产量"通常与"降低成本"是同一层次的，而"增加产量"与"降低管理费用"不在同一层次上，但如果分析以后发现可降的成本绝大部分在管理成本上，则两者是可以并列的。

在多目标问题中，可把目标划分为两大类，即必须实现的目标和希望实现的目标。必须实现的目标是具有否决权的目标，而希望实现的目标在目标实现程度上是有弹性的。希望实现的目标可以根据情况进行适当的删除。例如，在购买商品时，有人把价廉作为必须实现的目标，把物美作为希望实现的目标；有人把物美作为必须实现的目标，把价廉作为希望实现的目标；当然也有人把两者都作为希望实现的目标。

多目标之间往往存在着相互关系，如价廉与物美通常不能两全，这就说明目标之间存在一组关系，称为约束条件。

案例分析

取缔城区营运机动三轮车

近年来，全国各地纷纷出台政策取缔城区营运机动三轮车，为了能更好地推进及理解这个问题，可以利用系统分析的思维逻辑进行深入的剖析。

（1）存在什么问题？（交通、污染、安全、市容等。）

（2）为什么这是个问题？（事实与数据。）

（3）问题是如何出现的？（起初为方便和安置残疾人。）

（4）是什么原因引起的？（管理失控。）

（5）解决这个问题的重要性何在？（改善交通环境、杜绝安全隐患、改善空气质量、提升城市形象。）

（6）可能的解决方案有哪些？（取缔，不安置：政策性补贴若干年、收购。取缔，安置：其他工作岗位、出租公司、提供再就业培训等。）

（7）谁能采取解决问题的行动？（城管、交警、公安。）

（8）这类行动会带来什么变化？（车主的就业问题、车辆的处置问题。）

（9）这个问题和哪些问题相关联？从属于哪个更大的问题？（残疾人保障问题、就业问题、社会稳定问题、低收入者的出行问题。）

（10）涉及哪些资源分配问题？（工作岗位、补偿资金。）

（11）谁来分配资源？（劳动部门、城市管理部门。）

（12）分配者的职权、作用如何？

（13）资源使用的监督、控制系统如何？（公开、公正。）

思考题：

1. 系统分析的基本要素有哪些？系统分析的主要步骤是什么？

2. 在实际工程项目管理、企业管理过程中，系统分析可以如何应用？请举例说明。

第 5 章　系统建模理论与方法

本章提要

　　本章主要介绍系统建模理论与方法。通过本章的学习，读者应掌握系统建模的作用与一般原理、模型的分类和常用的经济数学模型。

制造业的计算机应用系统孤岛

制造业的发达是一个国家国民经济强盛的标志。一方面，科技的进步、电子信息和自动化技术的应用，使制造业得到了巨大的发展。另一方面，市场竞争越来越激烈，给制造企业造成了严酷的生存环境。因此，现在制造企业必须力争在最短的时间内以最低的成本生产出满足市场需求的产品，才能在市场上有立足之地。目前，各制造企业为了实现这一目标都在不断加强计算机辅助技术的使用，将其用于产品形成的各个阶段，即产品设计阶段、制造阶段、管理和销售阶段。利用计算机辅助设计（Computer Aided Design，CAD）系统辅助企业的产品设计，利用计算机辅助工艺设计（Computer Aided Process Planning，CAPP）系统辅助企业的产品工艺设计，利用产品数据管理（Product Data Management，PDM）系统进行产品数据的管理，利用企业资源计划（Enterprise Resource Planning，ERP）系统辅助企业管理，从企业运营的各方面来提高企业生产效率、降低企业运作成本，最终实现提高企业利润的目标。CAD 系统、CAPP 系统、PDM 系统和 ERP 系统之间联系密切，但是在许多企业中这些计算机应用系统之间并没有进行有效集成，从而形成多个计算机应用系统孤岛，给企业带来了许多问题。如何建立集成模型帮助企业实现 CAD 系统、CAPP 系统、PDM 系统和 ERP 系统之间信息的共享，是解决企业信息共享困难、系统与系统之间传递数据困难及企业无法进行有效的信息管理的关键。

系统是由多个相互联系的单元所构成的整体，系统的特性取决于其组成部分与结构。为了掌握系统变化的规律，必须对系统各组成部分之间的联系进行考察与研究。系统建模就是研究系统各组成部分之间的联系和系统运行机理的重要方法。

5.1 模型的定义及建模在系统分析中的作用

统分析的一般步骤包括划分系统边界、确定系统目标、分析系统现状、收集信息、确定判据、建立模型、优化系统、评价优化方案。其中，建立模型是系统分析的一个重要环节，建立一个合适的模型不仅是对系统认识的进一步深入，而且是实现系统优化的重要途径。

5.1.1 模型的定义

为了更好地达到系统优化的目的，人们越来越重视对现实系统进行抽象和综合，而系统建模正是对系统进行抽象的过程。

实体是一切客观存在的事物及其运动形态的统称。它可以是有形的（如机器），也可以是无形的（如气体）；可以是具体的，也可以是抽象的。模型是相对于实体而言的，模型是实体本质特征的抽象表述，具体而言是对实体的特征要素、相关信息及变化规律的表征和抽象。模型只用于反映实体的主要本质（实体的主要构成要素、要素之间的联系、实体和环境之间的信息交换等），而不是实体的全部。模型在一定意义上可以代替实体，通过对模型进行研究，可以掌握实体本质。实体与模型之间的关系如图 5-1 所示。

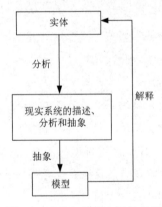

图 5-1 实体与模型之间的关系

对实体进行建模以后可以利用某些方法对实体进行优化分析。优化分析必须结合原有实体的实际情况进行，否则可能导致模型分析的结果和现实严重不符。另外，对实体的建模是一个反复过程，需要不断地将所建立的模型和实体进行对比分析，不断地对模型进行修正，既可能是对模型参数的修正，也可能是对模型结构的修正。

影响系统的因素是系统建模时必须考虑的。通常根据所起作用的不同，可将影响系统的因素分为以下几类：第一类因素在模型中可以忽略不计；第二类因素为对模型起作用但不属于模型描述范围的因素，这类因素是影响系统外部环境的因素，在模型中可视为外生变量（Exogenous Variable），或者叫作输入变量（Input Variable），或者叫作自变量（Independent Variable）；第三类因素是模型所需研究的因素，这类因素是描述模型行为的因素，叫作内生变量（Endogenous Variable），或者叫作输出变量（Output Variables），或者叫作因变量（Dependent Variable）。根据输入变量是否可控，可将变量划分为控制变量（决策变量）和干扰变量。通常只能通过改变控制变量来进行系统优化。

例如，某企业以实现最大利润为目标来确定产品可以接受的最高成本，系统分析人员可以根据利润、产量、市场和成本等因素来建立模型。其中，利润为因变量，产量、市场和成本等为自变量。

对影响系统的因素进行分类意义重大，主要表现为如果选择不当，则会导致模型过于复杂难以求解，或者模型过于简单不能反映现实系统。

5.1.2　建模在系统分析中的作用

建模的目的是根据系统目标描述系统的主要构成要素，分析各构成要素之间的联系，研究系统和环境之间的信息传递关系，以及明确实现系统目标的约束条件等。建模在系统分析中的作用可以概括为以下几点。

（1）方便人们对系统的理解和认识。对于复杂系统而言，模型只是系统的抽象，通过对模型的学习，人们容易掌握系统的运行原理和主要构成要素，所以模型能够帮助人们认识和理解系统。从另一个角度来讲，只有对系统进行充分的理解，才能对系统进行正确的分析。

（2）建模在整个系统分析过程中起到承上启下的作用。系统分析中系统目标的确定、历史信息的收集等都是为建模服务的，而建模的结果是系统优化方案的建立及方案选择的依据。

（3）模型可用于系统分析。有些实体很难通过试验进行相关性质的测定，但所有系统都可以通过建模来进行系统可靠性和稳定性分析。

（4）模型可用于揭示系统的本质规律。通过模型参数的变化可以显示系统的本质规律。

5.2　系统建模的一般原理

5.2.1　系统建模的基本理论

系统建模的基本理论有黑箱理论、白箱理论和灰箱理论。

（1）黑箱理论。将系统视为黑箱，研究过程中不涉及系统内部要素和结构，通过控制系统可控因素的输入、观测系统的输出来模拟系统所能实现的功能，确定系统运行规律的方法称为黑箱理论。黑箱理论适用于对系统内部要素和结构之间的联系不清楚的系统进行分析。

（2）白箱理论。若系统建模人员对系统内部要素和结构，以及系统和环境之间的联系很清楚，则可以利用白箱理论来进行系统建模。白箱理论可以通过控制系统模型的输入和输出引起系统状态的变化，进而描述系统运行规律。

（3）灰箱理论。若对系统内部要素和结构之间的联系情况，只有部分是清楚的，其他部分不清楚，则可采用灰箱理论来描述系统规律。

5.2.2　系统建模的原则

我们所面临的系统是多种多样的，需要建立的模型也是多种多样的，但是不管建立什么样的模型，都必须遵循以下几个原则。

（1）现实性。建模的目的是抽象现实系统和改进现实系统，所以模型必须立足于现实系统，否则建模是没有意义的。

（2）准确性。一方面是指模型中所使用的包含各种变量和数据的公式、图表等信息要准确，因为这些信息是求解模型和研究模型的依据。另一方面是指模型要能准确反映系统的本质规律。

（3）可靠性。模型既然是现实系统的替代物，就必须能反映事物的本质，并且有一定的精确度。如果一个模型不能在本质上反映现实系统，或者在某个关键部分缺乏一定的精确度，其就存在着潜在的危险。

（4）简明性。模型的表达方式应明确、简单，变量的选择不能过于烦琐，模型的数学结构不宜过于复杂。对于复杂的现实系统，若建立的模型也很复杂，则构造和求解模型的费用太高，甚至可能由于因素太多模型难以控制和操纵，这就失去了建模的意义。

（5）实用性。模型必须方便用户进行处理和计算，因此要努力使模型标准化、规范化，要尽量采用已有的模型。这样既可以节省时间和精力，又可以节约建模费用。

（6）反馈性。人们对事物的认识总是一个由浅入深的过程，建模也是一样的。开始可以先建立系统的初步模型，然后逐步对模型进行细化，最后达到一定的精确度。

（7）健壮性。由于系统环境等因素的多变性，不可能不断对系统进行建模，因此要求模型对现实系统的变动有一定的不敏感性。

5.2.3　系统建模的基本步骤

虽然对于不同的系统应该建立不同的模型，但是系统建模的步骤通常是大同小异的。系统建模的基本步骤包括分析现实系统、收集相关信息、找出主要因素、找出系统中的变量并对变量进行分类、确定变量之间的关系、确定模型结构、检验模型效果、改进和修正模型，以及将模型应用于实际。

（1）分析现实系统。分析系统目标、系统的约束条件、系统的范围、系统的环境，并确定模型的类型。

（2）收集相关信息。根据对现实系统的分析，收集相关信息，并确保信息的正确性和有效性。

（3）找出主要因素。影响系统的因素有很多，包含内部因素和外部因素，需要找出主要因素并分析各主要因素之间的关系。

（4）找出系统中的变量并对变量进行分类。通过对因素进行分析得到相应的变量，并对变量进行分类。

（5）确定变量之间的关系。根据因素之间的关系及变量的类别确定变量之间的关系。另外，还要分析变量的变动对实现目标的影响。

（6）确定模型结构。根据系统的特征、建模对象、各变量之间的关系确定模型结构。

（7）检验模型效果。检验模型是否能在一定的精度范围内反映现实问题。

（8）改进和修正模型。若模型不能在精度范围内反映现实问题，则要检查出原因，并根据原因对模型的结构或参数进行改进和修正。

（9）将模型应用于实际。对于满足要求的模型，可以在实际中加以应用，但是每次应用该模型时都必须进行再次检验。尤其是社会经济系统的模型，因为社会经济系统的环境因素变化太快，而且社会经济系统受环境因素的影响很大。

5.3 模型的分类

采用不同的分类标准，可以将模型分为不同的类型。例如，按建模的对象进行分类，可将模型分为经济模型、社会模型、生态模型和工程模型等；按建模对象的规模进行分类，可将模型分为宏观模型、中观模型和微观模型；按模型的用途进行分类，可将模型分为预测模型、结构模型、过程模型、决策模型、性能模型、组织模型、行为模型、最优化模型等；按模型中变量的性质进行分类，可将模型分为动态模型和静态模型、连续模型和离散模型、确定性模型和随机模型等。

以下按形态对模型进行分类，其分类结果如图 5-2 所示。

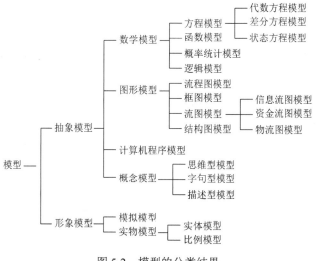

图 5-2　模型的分类结果

5.3.1　形象模型

形象模型是指用少量文字、简明的数字、不同形式的直线和曲线所构成的图形来直观、生动、形象地表示系统的功能、结构，揭示系统的本质和规律的模型，如教学用的原子模型、汽车模型、地形的沙盘模型等。但并非所有系统都能建立形象模型，只有有形的现实系统才能建立形象模型。

形象模型又可以分为模拟模型和实物模型。其中，模拟模型是用物理属性来描述系统的模型，它在构成要素上可能和现实系统不同，但是在活动上和现实系统相似。建立模拟模型的目的是用一个容易实现控制或求解的系统替代或近似描述一个不容易实现控制或求解的系统。通常模拟模型既可用实体形式抽象，又可用数学形式抽象。用数学形式抽象出的模拟模型称为数学模拟模型（如系统动力学模型），用实体形式抽象出的模拟模型称为实物模拟模型。实物模型是现实系统的放大或缩小版，无论是构成要素还是活动都和现实系统相似，如教学用的原子模型。

5.3.2　抽象模型

抽象模型是指用数字、字符或运算符号等非物质形态来描述系统的模型，它没有具体的物理结构，如用数学公式描述的模型、用逻辑关系描述的框图、用类比方法描述的类比模型等。这类模型的特点是只在本质上与现实系统相似，只反映现实系统的本质特征，但从模型表面上已看不出现实系统的形象。具体细分，抽象模型又可分为数学模型、图形模型、计算机程序模型和概念模型。

1．数学模型

数学模型是指用字母、数字和各种数学符号来描述系统的模型，具体又可分为方程模型（静态投入产出模型）、函数模型（如柯布-道格拉斯生产函数模型）、概率统计模型（用已有的数据按概率统计的方法建立的模型，如随机服务系统模型）和逻辑模型（用逻辑变量按逻辑运算法则建立的模型）。数学模型是现实中利用率最高的抽象模型，主要有以下几点原因。

（1）数学模型是定量化的基础。在自然科学及工程技术领域，数量上精确与否直接关系着质量的优劣，其重要性不言而喻。在社会科学领域中，只凭热情和定性分析，主观、片面地进行决策的后果更为严重。因此，定量化问题和决策质量的关系已引起各方面的重视。

（2）数学模型是科学试验的重要补充手段，是预测的重要工具。有些系统的活动要耗费大量物资，付出很大代价才能取得成果，而有些系统则很难进行试验甚至不能进行试验。这时，只有依靠建立的数学模型进行预测或模拟，才能经济、方便地得到结果。

（3）数学模型是现代管理科学的重要工具。世界上的资源总是有限的，如何利用有限的资源取得最佳的经济效果，是组织和管理中最重要也是最为人所关心的课题。数学模型在这方面有特殊的优越性，是其他类型的模型所无法比拟的。因此，它在系统工程和运筹学中占有重要的地位。

2. 图形模型

图形模型是指用少量文字、不同形式的直线和曲线所构成的图与表来描述系统结构和系统机理的模型。这类模型可以直观反映系统的本质和规律。根据所使用图形的不同，又可以将图形模型分为流程图模型、框图模型、结构图模型、流图模型等。

（1）流程图模型。流程图模型反映某种现实系统各项活动的流转过程，如生产流程图模型。

（2）框图模型。系统通常可以细分为子系统，框图模型是利用方框来代表子系统从而简化对系统和子系统之间的关系、系统运行机理的描述。

（3）结构图模型。结构图模型用来描述系统构成要素之间的逻辑关系、结构层次、空间分布等，如管理决策的层次结构、企业的组织结构。

（4）流图模型。流图模型根据反映的内容不同，又可分为信息流图模型、资金流图模型和物流图模型。信息流图模型反映系统内部及系统和环境之间信息的传递关系。资金流图模型对系统中与资金有关的活动进行模拟，以达到最大程度降低成本、获得最高收益的目的。物流图模型模拟系统中物资的流动方向、流量、距离和费用等内容，对研究工厂布局、计算运费、确定运输工具有重要意义。

3. 计算机程序模型

计算机程序模型是一类用来描述系统和对系统的动态特性进行研究的特殊模型，这类模型往往抽象程度较高。在系统分析中，计算机程序模型通常用来对系统进行模拟，刻画系统的动态特性，并可对可行方案进行性能比较，但计算机程序模型的基础是系统的结构与功能关系模型，并且其运行环境必须借助于计算机。

4. 概念模型

概念模型是通过人们的经验、知识和直觉形成的，这种模型往往最为抽象，即在缺乏资料的情况下，凭空构想一些资料，建立初始模型，逐渐扩展而成。概念模型可分为思维型模型、字句型模型和描述型模型。当人们试图系统地想象某个系统时，会用到这样的模型。

5.4 几种常用的建模工具

常用的建模工具主要有矩阵、文氏图、树形图和卡氏图。下面用案例分别说明这几种建模工具的应用方法。

案例：按照教授职称和工程师职称两项指标对大学教师进行分类。设 A 表示具有教授职称，B 表示具有工程师职称，相应地，$\overline{A}$ 和 $\overline{B}$ 分别表示没有教授职称、没有工程师职称，所以待分类对象必然归属于下述四类中的一类：AB、$A\overline{B}$、$\overline{A}B$ 和 $\overline{A}\overline{B}$。

1. 矩阵

矩阵是一种常用的建模工具。对上面的案例用矩阵来进行建模，如图 5-3 所示。

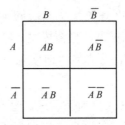

图 5-3 大学教师分类矩阵

假设要对 100 名大学教师进行分类，其中 20 人为教授，50 人为工程师，则可以推算出属于 AB 类的人数不能大于 20。假设其分类矩阵如图 5-4 所示。

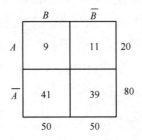

图 5-4 大学教师分类矩阵示例

用矩阵建立的模型一般不能给出确切的分类结果，但是从中可以得到一些信息，以便进行进一步分析。

2. 文氏图

用文氏图进行系统建模适用于简单的系统。对上面的案例用文氏图来进行建模，如图 5-5 所示。

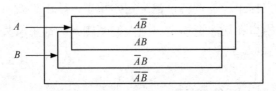

图 5-5 大学教师分类文氏图

3. 树形图

树形图也是一种常用的建模工具，常用于构造分类模型。对上面的案例用树形图来进行建模，如图 5-6 所示，首先用 A 作为标准来进行分类，然后在子类中用 B 作为标准进行分类。

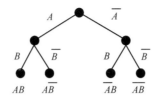

图 5-6　大学教师分类树形图

4．卡氏图

卡氏图也是一种常用的建模工具。对上面的案例用卡氏图来进行建模，如图 5-7 所示。

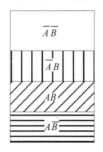

图 5-7　大学教师分类卡氏图

随着系统分类的因素增多，用矩阵、文氏图、树形图和卡氏图建立的模型的复杂度也会升高。

5.5　几种常用的经济数学模型

经济数学模型是经济管理系统优化分析的主要工具，我们通常根据研究对象的不同采用不同的经济数学模型来分析系统或各子系统的投入产出特性，并对系统方案进行评价与优化。下面介绍几种常用的经济数学模型。

1．资源分配模型

对于任何一个系统而言，其可支配资源都是有限的，并且存在相应的环境约束条件。采用资源分配模型的目的是在满足约束条件的情况下，合理地使用和分配这些资源，使得系统达到最高效益。常用的线性规划模型、非线性规划模型、动态规划模型等都属于资源分配模型。

2．存贮模型

为了使生产经营系统得以正常运转，一定量的资源储备是必要的。如何合理地确定各种资源的储备量，从而使资源的采购成本、存储费用和因资源短缺造成的损失之和最小，就是存贮模型需要解决的问题。通常采用的存贮模型有库存模型和动态规划模型。

3．输送模型

输送模型需要解决的问题是在一定的资源（车辆、道路和资金等）约束条件下使得总体系统的单位运输费用达到最低、运输效率达到最高。常用的输送模型有图论模型、网络模型、运输规划模型。

4．等待服务模型

排队系统通常可以划分为两部分，即要求服务的对象和提供服务的机构。等待服务模型要解决的问题是使得要求服务的对象的总体等待时间最短，提供服务的机构利用率最高，所需要的服务机构最少。为了对等待服务模型进行求解，通常要用概率统计的理论和方法找出要求服务的对象到达系统的概率分布、服务的规则等。常用的等待服务模型有排队模型。

5．指派模型

任务的分配、生产的安排及加工顺序问题是日常生产和生活中常见的问题，如何进行资源分配和任务安排，使得完成全部任务所花费的时间最短、消耗的费用最低，是指派模型要解决的问题。常用的指派模型有整数规划模型和动态规划模型等。

6．决策模型

决策分析是系统分析中的重要环节之一，其要解决的问题是从众多方案中选出最优方案或非劣方案。决策模型相对上面所提到的模型要复杂得多，需要众多的技术支持，而且通常难以完全量化。常用的决策模型主要包括决策分析模型与博弈论模型。

7．其他模型

经济和管理系统中的问题通常复杂度较高，需要解决的问题很多，可以利用的模型也很多，除上面介绍的模型以外，还有解释预测模型、投入产出模型、评价模型等。

系统分析是一项很复杂的工作，不仅涉及定量的问题，还涉及定性的问题；不仅涉及经济问题，还涉及政治和法律问题。另外，系统在各个阶段的目标也存在差异。因此，对于不同的系统要建立不同的模型，对于系统的不同阶段也要建立不同的模型。还有的系统用到的可能是多种模型的综合而不是单一模型。

案例分析

企业信息系统的有效集成

为了实现企业信息共享及信息的有效管理，需要对 CAD 系统、CAPP 系统、PDM 系统和 ERP 系统进行集成。建立 CAD 系统、CAPP 系统、PDM 系统和 ERP 系统之间的信息传递模型是实现四者有效集成的前提。

首先建立 CAD 系统、CAPP 系统和 PDM 系统之间的信息传递模型。CAD 系统是整个产品数据管理的起点，产生的产品数据与图形数据为 CAPP 系统和 PDM 系统开展工作的基础；CAPP 系统接收 CAD 系统输出的信息进行产品的工艺设计；PDM 系统管理 CAD 系统和 CAPP 系统中与产品有关的信息，并进行项目管理、技术配置管理、更改管理和图文档管理等。CAD 系统、CAPP 系统和 PDM 系统之间的信息传递模型如图 5-8 所示。

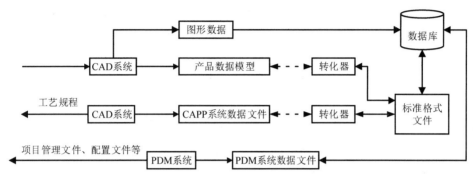

图 5-8　CAD 系统、CAPP 系统和 PDM 系统之间的信息传递模型

ERP 系统是企业管理信息系统，它与 CAD 系统、CAPP 系统、PDM 系统之间的主要区别在于，CAD 系统、CAPP 系统、PDM 系统用于实现设计、工艺的信息化，而后者用于实现企业管理的信息化。ERP 系统和 CAD/CAPP/PDM 系统之间的信息传递模型如图 5-9 所示。

CAD/CAPP/PDM 系统需要向 ERP 系统传递以下几种信息。

（1）产品设计方面的信息，包含产品名

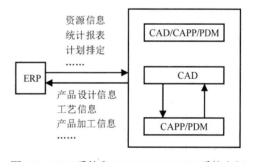

图 5-9　ERP 系统和 CAD/CAPP/PDM 系统之间的信息传递模型

称、明细表、汇总表、产品使用说明书、装箱清单等信息。

（2）工艺设计方面的信息，包含工艺线路、工时定额、材料定额、工序等信息。

（3）工艺装配方面的信息，包含各种工装、刀具、量具、模具等方面的信息。

（4）产品加工方面的信息，主要包含工艺变更通知单及有关内容。

（5）质量方面的信息，包含零件图、设备故障诊断等信息。

同时 ERP 系统也向 CAD/CAPP/PDM 系统传递信息，主要传递的信息包括新产品开发信息、售后服务反馈信息、工装设备修整信息、作业计划、技术准备计划、工装要求、工作指令、设备大修信息、工具工装库查询信息、工具工装准备信息、故障统计信息、生产过程统计信息等。

在信息传递模型的基础上，企业建立了四个系统集成的其他相关模型和计算机程序模型。以 CAPP 系统、PDM 系统集成为例,介绍其详细的信息流图模型。CAPP 系统、PDM 系统的工作流程可以概括为:系统根据单项产品计划编制项目计划;根据项目计划安排接收 CAD 系统中的产品设计信息、图文档信息和零部件属性信息;根据合同要求、历史工艺文件和产品设计信息设计产品的工艺结构;对于工艺结构审核通过的产品,进行工艺线路的制定;以工艺线路和历史工艺文件等信息为参考编制各专业岗位的工艺卡片,同时录入辅助材料消耗;工艺卡片审核通过以后,以其为基础录入产品的工时定额;根据工时定额等信息计算产品的工艺成本;以产品为对象进行技术配置;以产品为对象编制金属材料清单、非金属材料清单、各种工艺卡片、外购件清单等报表。另外,在上述整个过程中还贯穿成本管理、权限管理和版本管理,整个工作流程如图 5-10 所示。

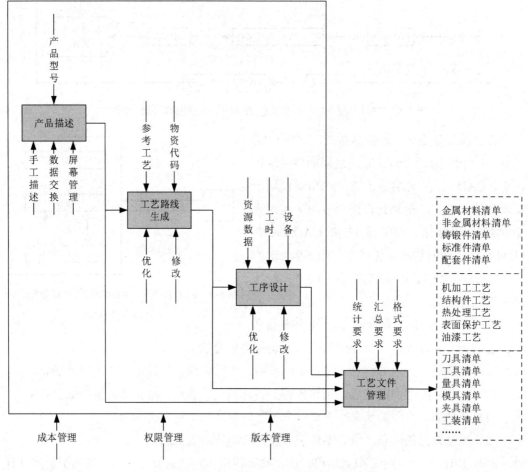

图 5-10 CAPP 系统、PDM 系统的工作流程

通过建立相关模型,各个系统的信息交互得到了很好的分析和描述,有助于实现系统之间的有效集成。

思考题：

1．简述建模对系统分析的作用。

2．解释系统变量的分类。假设对企业财务系统进行分析，对各类变量进行举例说明。

3．系统建模的基本步骤有哪些？

4．针对一门课程，对其中涉及的模型进行举例和分类。

5．分析抽象模型和图形模型之间的联系。

6．用矩阵、文氏图、树形图和卡氏图建模工具，按照性别、学历和是否有工作经验对某企业的职工进行分类。

第6章 系统仿真

本章提要

本章主要介绍系统仿真理论和方法。通过本章的学习，读者应掌握系统仿真的概念和分类、系统仿真过程，以及几类离散系统仿真方法和连续系统仿真方法。

数字孪生技术在我国电力系统中的应用

数字孪生技术是当前广泛应用的一种复杂系统仿真技术，它充分利用物理模型、传感器、运行历史等多源数据，在虚拟空间中实现现实系统的映射，反映各个现实系统的全生命周期过程。电力系统作为一个复杂的能源系统实体，规模庞大、复杂程度高，同时数据采集和反馈实时性要求高。随着电网数字化、智能化程度不断加深，数字孪生技术在电力系统中的应用和研究工作也逐步展开。

2021 年 11 月 15 日，上海 500 千伏虹杨变电站诞生了变电数字孪生体，这是中国电力科学研究院（以下简称中国电科院）高电压研究所与国网上海市电力公司在虹杨变电站开展的变电数字孪生应用。该研究工作建立了虹杨变电站整站高精度实景模型，构建了虹杨变电站数据融合的数字孪生体，实现了准实时的变电设备状态仿真，让城市中心地下变电站——虹杨变电站的运行更加智能、高效，服务上海虹口区和杨浦区 200 多万户电力用户。

目前，变电数字孪生技术已在上海、北京、山东等省/市的换流站、变电站开展试点应用。下一步，中国电科院将协同国网上海市电力公司加快推进变电设备数字孪生标准制定，构建变电设备三维数字模型服务库，探索构建变电数字孪生数理模型和机理模型库体系，引领电网设备数字化转型，支撑新型电力系统稳定运行。

2021 年 3 月，全国首个数字孪生环网室——义乌市草塘沿 IV 号 700 环网室完成调试，进入试运行阶段，这是供电公司在配网方面进行的一次创新尝试。技术人员前期对环网室进行了精确到毫米级别的 3D 建模，建立了一个 1∶1 的数字孪生环网室，通过联通监控摄像、5G 网络把这个环网室的"孪生兄妹"投射到远在几千米外的调度中心的大屏上。因此，义乌市草塘沿 IV 号 700 环网室里发生的一切都能在调度中心的大屏上实时显示。

6.1 系统仿真概论

6.1.1 仿真与系统仿真

采 用数学模型来描述系统，是人们经常采用的一种系统求解方法。对于某个系统来说，系统与环境之间或系统内部各环节之间常常存在着一定的关系，如果这种关系比较简单，那么我们可以建立相应的数学模型并利用数学解析的方法进行求解。

现有的数学工具已经可以成功地描述并解决一系列的简单问题，如微分方程可用于解决连续变化的系统问题，运筹学中的线性规划可用于解决资源配置问题等。

然而，对于比较复杂的系统，很难通过建立数学模型并利用数学解析的方法得到问题的答案，这时就需要通过系统仿真的办法来解决问题。由于"仿真"一词译自英语单词"Simulation"，有时也被译作"模拟"，因此系统仿真有时也被称为系统模拟。

所谓系统仿真，是指根据系统分析的目的，在分析系统各要素性质及其相互关系的基础上，建立能描述系统结构和行为且具有一定逻辑关系与数学性质的仿真模型，根据仿真模型对系统进行试验和定量分析，以获得决策所需的信息。

在现实生活中，仿真的例子比比皆是。例如，在设计飞机时，工程师往往先制造一个按比例缩小的飞机模型，在这个模型上进行力学、风洞等实验，获取飞机性能的某些参数，从而更好地对设计方案进行改进。由于这类仿真是通过物理模型来描述真实事物的，因此这种仿真称为物理仿真。由于经济管理系统通常无法通过物理模型来描述，因此物理仿真通常只被用来解决工程技术领域的问题。

6.1.2 系统仿真的实质

系统仿真的实质体现在以下几方面。

（1）系统仿真是一种数值方法，是一种对系统问题求数值解的计算技术。在许多情况下，现实系统过于复杂，以至于无法或很难建立数学模型并利用数学解析的方法求解，而系统仿真往往能够有效地处理这类问题。

（2）系统仿真是一种试验手段，但它区别于普通实验。系统仿真依据的不是现实系统，而是作为现实系统"映象"的一个系统仿真模型及其仿真的"人造"环境。显然，系统仿真结果的正确程度取决于模型和输入数据是否能够反映现实系统。

（3）系统仿真是对系统状态在时间序列中的动态描述。在仿真时，尽管要研究的只是某些特定时刻的系统状态（或行为），但仿真却可以对系统状态（或行为）在时间序列内的全过程进行描述。换句话说，它可以比较真实地描述系统的运行及演变过程。

（4）计算机是系统仿真的主要工具。目前，系统仿真主要在计算机上实现，从某种意义上讲，系统仿真很大程度上指的就是计算机仿真。

6.1.3　系统仿真的分类

依据不同的分类标准，可对系统仿真进行不同的分类。

1. 确定性仿真和随机性仿真

根据仿真模型的输出结果，可以将系统仿真分为确定性仿真和随机性仿真。

确定性仿真是指系统在某一时刻的状态完全由系统以前的状态所决定，因而其输出结果完全由输入来确定。

随机性仿真是指相同的输入经过系统转移后会得到不同的输出结果，这些结果虽然不确定，但是服从一定的概率分布。大多数经济管理模型都进行随机性仿真。

2. 连续系统仿真和离散系统仿真

根据系统状态的变化与时间的关系，可以将系统仿真分为连续系统仿真和离散系统仿真。

连续系统仿真是指系统状态随时间呈连续性变化，而离散系统仿真是指系统状态随时间呈间断性变化，即系统状态仅在有限的时间点发生跳跃性变化。

无论是连续系统仿真还是离散系统仿真，其仿真时间都既可以是连续的，也可以是离散的。

6.1.4　系统仿真的优点与缺点

1. 系统仿真的优点

系统仿真主要有以下几个优点。

（1）系统仿真的过程也是试验的过程，还是系统地收集和积累信息的过程。尤其是对一些复杂的随机问题，应用系统仿真技术是提供所需信息的唯一令人满意的方法。

（2）对一些难以建立物理模型或数学模型的系统，可通过仿真模型来顺利地解决系统预测、分析和评价等问题。

（3）通过系统仿真可以把一个复杂的系统降阶成若干子系统，以便于进行分析，并能指出各子系统之间的各种逻辑关系。

（4）通过系统仿真可以启发新策略或新思想的产生，还可以暴露出在系统中隐藏着的实质性问题。同时，当有新的要素增加到系统中时，系统仿真可以预先指出系统状态中可能会出现的瓶颈现象或其他问题。

2．系统仿真的缺点

系统仿真主要有以下几个缺点。

（1）系统仿真的每次运行只能提供系统在某些条件下的特殊解，而不是通解。为获得最优解，必须进行大量不同条件下的仿真运行，这不但需要大量的时间、高昂的费用和较大的计算机内存，而且通过一组不同条件下的离散解往往只能获得接近最优解的较优解。

（2）仿真模型的建立是以对现实系统的精确理解为前提的。但为简单起见，在建模过程中往往需要对某些条件进行简化处理，这样就很容易忽略某些看似不重要的细节问题。

（3）一般来说，确定仿真问题的初始条件比较困难，仿真精度比较难控制与测定。

6.2　系统仿真的建模过程

在进行系统仿真之前，需要建立系统仿真模型。系统仿真模型通常是现实系统的一种简化。现实系统和系统仿真模型都用参数来表示其特征和属性，现实系统的输入和输出都会在系统仿真模型中有所体现。一般来说，现实系统和系统仿真模型的输入应当是一致的，但是二者的输出却有可能并不完全一致。当现实系统和系统仿真模型都被看作输出对输入的变换函数时，一个理想的系统仿真模型的输出可以用来预测和推断它所代表的现实系统的输出，这就是系统仿真的实质。图6-1所示为建模的图解结构。

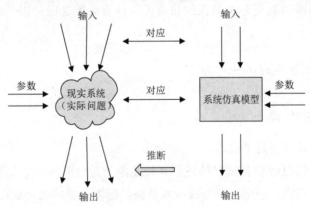

图 6-1　建模的图解结构

由于前面已经详细介绍了系统建模的一般知识，因此本节只针对系统仿真的建模过程进行详细介绍。

6.2.1　系统仿真模型结构

系统仿真模型虽然形式多样，但是基本上都包含系统的组成要素、变量、参数、函数关系、约束条件和目标。一般地，可将系统表示成以下的数学形式：

$$E = f(X_i, Y_i)$$

式中，E——系统效益；

X_i——可以控制的变量和参数；

Y_i——不可控制的变量和参数；

f——X_i和Y_i之间的关系。

1. 组成要素

组成要素是指组成系统的各部分或子系统，是构成系统的实体。系统可看作一组相互独立、相互作用、用以实现各自特定功能的实体集合。例如，在一个城市系统中，工业系统、交通系统、科技系统、教育系统、商业系统等都是组成要素。

2. 变量

模型中的变量用以描述系统状态。变量分为两类，即外生变量和内生变量。外生变量又称输入变量，它起源或产生于系统外部。内生变量产生于系统内部。内生变量在描述系统的状态或条件时，称为状态变量；在离开系统时，称为输出变量。

按照变量的相互依赖关系，可以将变量分为自变量和参变量。在系统仿真中，主要的自变量通常为仿真时间，而参变量随着系统环境及仿真目的的不同而不同。

3. 参数

参数不同于变量，在一次系统仿真中只能赋予参数以定值。例如，在服务系统中，到达的顾客数服从泊松分布，变量x的概率为

$$P(x) = e^{-\lambda} \times \lambda^x / x!$$

式中，λ——参数。

不同的λ对应不同的概率分布，每次仿真运行时应赋予λ不同的数值，但在运行过程中其值不能改变。

4. 函数关系

函数关系是以变量和参数表征的系统各部分之间的相互关系。函数关系可以是确定的，也可以是随机的，它们均以变量和参数的数学方程表示，并且可以用数学方法或统计方法进行假设和推断。

5. 约束条件

约束条件是指对变量的数值或可供利用的资源的限制。例如，对于一个生产计划系统而言，市场需求量、生产能力、物资、资金及其他生产技术条件都是约束条件。

6. 目标

目标是评价系统仿真成果的准则。根据不同的仿真目的，可以确定不同的目标。通过运行系统获得优化系统目标的最优解（或较优解）。例如，设计生产计划系统可确定下述的一项或几项目标：最大利润、最高生产率、最低成本、最低产品次品率或废品率、最少流动资金和最少周转天数等。

6.2.2 系统仿真过程

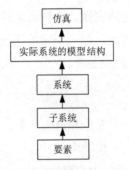

图 6-2 建立仿真的逻辑结构模型的步骤

在建立系统仿真模型前，需要建立仿真的逻辑结构模型，即分析系统要素的构成、子系统的组成，并考察系统要素之间及子系统之间的动态特性。图 6-2 所示为建立仿真的逻辑结构模型的步骤。

基于仿真的逻辑结构模型，可构建系统仿真模型。系统仿真并不是一蹴而就的，而是一个迭代过程，它需要逐步修正，从而接近最优结果。图 6-3 所示为系统仿真的流程图。

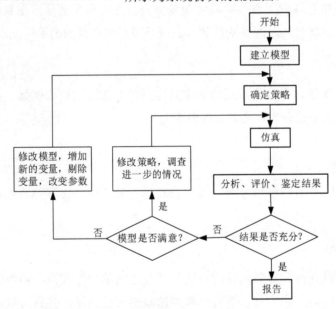

图 6-3 系统仿真的流程图

6.3 离散系统仿真

离散系统常常是许多随机因素共同作用的结果，因此在仿真过程中必须处理大量的随机因素。在仿真模型中，这些随机因素是通过随机数和随机变量来表示的。产生随机变量的基础是随机数发生器，其可产生[0,1]区间上均匀分布的随机变量。其他的分布类型，如正态分布、γ分布、β分布、泊松分布等，都可以由均匀分布按一定的方法变换得到。下面首先介绍随机数和随机变量，其次介绍离散系统仿真策略，最后介绍两类典型的离散系统仿真——排队系统仿真和库存系统仿真。

6.3.1 随机数与随机变量

1. 随机数的产生

用程序自动产生均匀分布的随机数是离散系统仿真中常用的方法。但是计算机中的随机数发生器所产生的随机数不是概率论意义下真正的随机数，故称其为伪随机数（Pseudo Random Numbers）。虽然是伪随机数，但是它已经能够有效地模拟随机数的均匀性和独立性的理想特性，因此可以满足离散系统仿真的需要。

产生随机数的方法有很多，其中具有代表性的主要有以下几种。

（1）线性同余法。线性同余法是由 Lehmer 在 1951 年提出的，是目前在离散系统仿真中应用最广泛的伪随机数产生方法。线性同余法按照如式（6-1）所示的递归关系式产生随机数：

$$x_i = (ax_{i-1} + c) \bmod m \tag{6-1}$$

式中，x_i——第i个随机数；

a——乘子；

c——增量；

m——模数（取充分大的正整数）；

x_0——随机种子。

它们均为非负整数。若 $a=1$，则称为加同余法；若 $c=0$，则称为乘同余法。常数a、c、m 的取值将影响所产生的随机数列的循环周期。显然，由式（6-1）得到的随机数x_i满足：

$$0 \leqslant x_i \leqslant m-1, \ i=0,1,\cdots$$

为了得到[0,1]区间上所需的随机数r_i，可以令

$$r_i = x_i / m$$

例如，取 $x_0 = 27$，$a = 17$，$c = 43$，$m = 100$，可以得到相应的[0,1]区间上的一组随机数：

$$x_0 = 27$$

$$x_1 = (17 \times 27 + 43) \bmod 100 = 2，\ r_1 = 2 / 100 = 0.02$$

$$x_2 = (17 \times 2 + 43) \bmod 100 = 77，\ r_2 = 77 / 100 = 0.77$$

以此类推。

对于一般的线性同余法，当且仅当参数 a、c、m 的取值满足下列3个条件时，随机数发生器才具有满周期，即循环周期等于模数 m。

①m 与 c 互素。

②如果 q 是 m 的一个素因子，则 q 也是 $a-1$ 的因子。

③如果 m 能被 4 整除，则 $a-1$ 也能被 4 整除。

（2）中值平方法。中值平方法由 John von Neumann 及 Metropolis 于 20 世纪 40 年代中期提出。该方法的主要思路是，首先给出一个初始数（称为随机种子），对该数的平方取中间的位数，数前放小数点就得到一个随机数。其次中间位数再平方，按同样方法产生第二个随机数，以此类推。例如：

$$x_0 = 5497$$

$$x_0^2 = (5497)^2 = 30217009 \Rightarrow x_1 = 2170, \ r_1 = 0.2170$$

$$x_1^2 = (2170)^2 = 4708900 \Rightarrow x_2 = 7089, \ r_2 = 0.7089$$

以此类推。

中值平方法最终会出现退化现象，即会出现反复产生同一数值或退化为零的现象。由于随机种子的选取无法保证伪随机数有较对称的循环周期，因此在实际应用中较难操作。

目前，大部分计算机高级语言及仿真语言或软件都提供了产生随机数的方法，用户可以根据需要调用。需要提醒的是，即使随机数通过检验，也应当有一定的警惕性，必要时需要自行开发随机数发生器。关于随机数产生的更多资料，请参考相关文献。

2．随机变量的产生

常用的产生随机变量的方法有反变换法、组合法、接受-拒绝法和查表法等。本节仅介绍如何采用反变换法产生随机变量，其他方法可以参考相关文献。

反变换法是最常用且最直观的方法，它以概率积分变换定理为基础。

设随机变量的概率分布函数为 $F(x)$。为了得到随机变量的抽样值，先产生[0,1]区间上均匀分布的独立随机变量 μ，由反概率分布函数 $F^{-1}(\mu)$ 得到的值就是所需的随机变量 x，即

$$x = F^{-1}(\mu) \tag{6-2}$$

由于这种方法是对随机变量的概率分布函数进行反变换，因此取名为反变换法，其原理可用图 6-4 加以说明。

随机变量的概率分布函数 $F(x)$ 的取值范围是[0,1]。现以[0,1]区间上均匀分布的独立随机变量作为 $F(x)$ 的取值规律，则落入 Δx 区间的样本个数的概率就是 ΔF，从而随机变量 x 在 Δx 区间内出现的概率密度函数的平均值为 $\Delta F / \Delta x$。当 $\Delta x \to 0$ 时，随机变量 x 就等于 $\mathrm{d}F/\mathrm{d}x$，这与由概率论直接定义的概率密度 $f(x)$ 是一致的，满足正确性要求。

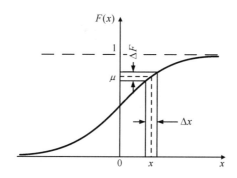

图 6-4　连续概率分布函数的反变换法原理

【例 6-1】设随机变量 x 是 $[a,b]$ 区间上均匀分布的随机变量，即

$$f(x)=\begin{cases}\dfrac{1}{b-a}, & a \leqslant x \leqslant b \\ 0, & \text{other}\end{cases}$$

使用反变换法产生随机变量 x。

解：由 $f(x)$ 得到的 x 的概率分布函数，即

$$F(x)=\begin{cases}0, & x < a \\ \dfrac{x-a}{b-a}, & a \leqslant x \leqslant b \\ 1, & x > b\end{cases}$$

用随机数发生器产生随机变量 $\mu \sim U(0,1)$，并令

$$\mu = F(x) = \frac{x-a}{b-a}, \quad a \leqslant x \leqslant b$$

从而可得

$$x = a + (b-a)\mu$$

由例 6-1 可以看出，在使用反变换法产生随机变量时，必须先用随机数发生器产生 [0,1] 区间上均匀分布的独立随机变量 μ，以此为基础得到的随机变量 x 才能保证分布的正确性。由此可见，选择一个均匀性和独立性较好的随机数发生器在产生随机变量中具有重要作用。

当 x 是离散随机变量时，其反变换的形式略有不同。

设离散随机变量 x 分别以概率 $p_1,p_2,\cdots,p_n$ 取值为 $x_1,x_2,\cdots,x_n$，其中 $0 < p_i < 1$，且 $p_1 + p_2 \cdots + p_n = 1$。为利用反变换法获得离散随机变量，先将 [0,1] 区间按 $p_1,p_2,\cdots,p_n$ 的值分成 n 个子区间，然后产生 [0,1] 区间上均匀分布的独立随机变量 μ。如果 μ 的值落入某个子区间，则相应区间对应的随机变量就是所需的随机变量 x_i。

在实际实现时，要先将 x_i 按从小到大的顺序进行排列，即 $x_1 < x_2 < \cdots < x_n$，从而得到概率分布函数子区间，即

$$\left[0, p_1\right], \left[p_1, p_1 + p_2\right], \cdots, \left[\sum_{i=1}^{n-1} p_i, \sum_{i=1}^{n} p_i\right]$$

若由随机数发生器产生的 $\mu \leqslant p_1$，则令 $x = x_1$；若 $p_1 \leqslant \mu \leqslant p_1 + p_2$，则令 $x = x_2$；以此类推。

6.3.2 离散系统仿真策略

1. 仿真时钟的推进

仿真时钟是离散系统仿真不可缺少的组成部分，是仿真的时间控制部件。在离散系统仿真中，仿真时钟的推进方法是仿真的基础。离散系统仿真的仿真时钟的推进方法有事件法和时间间隔法两种。

（1）事件法。事件法又称面向事件的仿真时钟推进法或事件调度法。它按照下一最早发生事件的发生时间来推进仿真时钟，仿真以不等距的时间为间隔。具体而言，事件法是在处理完当前事件所引起的系统变化后，先从未来将发生的各类事件中挑选出最早发生的任意一类事件，将仿真时钟推进到该事件发生时刻，然后重复以上处理过程直到仿真运行满足某终止条件为止。

（2）时间间隔法。时间间隔法又称面向时间间隔的仿真时钟推进法或固定增量推进法。采用该方法之前需要确定某一时间 T 作为仿真时钟推进的固定时间增量。仿真从开始即按时间 T 等距推进（跳跃），每次推进都需要扫描所有的活动，检查该时间区间内是否有事件发生。若无事件发生，则仿真时钟继续推进；若有事件发生，则记录此时间区间，从而得到有关事件的时间参数；若有若干事件同时发生，则除需要记录该事件的时间参数以外，还需要事先规定在这种情况下对各类事件进行处理的优先序列。

时间间隔法的缺点是时间增量 T 的确定较难。若 T 过大，则引入的误差较大；若 T 过小，则由于每一步都要检查是否有事件发生，因此增加了执行时间。除具有较强的事件发生时间周期性的系统以外，大部分离散系统仿真都采用事件法。

2. 离散系统仿真策略类型

如何建立仿真模型中各实体之间的逻辑关系，并推进仿真时钟，是离散系统仿真的关键。一般而言，离散系统仿真策略有事件调度法、活动扫描法和进程交互法三种。

（1）事件调度法。事件调度法通过事件的产生和处理，直接对事件进行调度。其基本思想是，用事件的观点来分析现实系统，通过定义事件及每个事件发生时系统状态的变化，按时间顺序确定并执行每个事件发生时有关的逻辑关系。

当用事件调度法建立仿真模型时，所有事件连同其发生时间均需要放在事件表中。仿真模型中有一个时间控制模块，不断地从事件表中选择具有最早发生时间的事件，推进仿真时钟到该事件发生时间，并调用与该事件类型相应的事件处理模块，处理完后再返回时间控制模块。如此重复执行，直到满足仿真终止条件为止。

（2）活动扫描法。采取系统仿真时钟、实体仿真时钟或条件处理模块，对满足条件的活动通过调用相应的活动子例程进行处理。实质上，事件调度法是一种预定事件发生时间的方法。然而，有时事件除了与时间有关，还需要满足另外某些条件才能发生。由于这类系统的活动持续时间的不确定性，无法预定活动的开始时间与结束时间，因此其仿真建模一般采用活动扫描法。

（3）进程交互法。进程交互法采用进程来描述系统。应用该方法需要将仿真模型中能主动产生活动的实体历经系统时所发生的事件与活动按时间顺序进行组合，形成进程表。实体一旦进入进程，就将完成该进程全部有关活动。

6.3.3　排队系统仿真

排队是日常生活中经常遇到的现象。例如，病人到医院看病、顾客到理发馆理发等常常要排队等待。一般来说，当要求服务的数量超过服务机构的容量时，就会出现排队现象。在排队现象中，服务对象可以是人，也可以是物，还可以是某种信息。在交通、通信、生产自动线、计算机网络等系统中都存在排队现象。在各种排队系统中，由于服务对象到达的时刻和接受服务的时间都是不确定的，都随着不同时机与条件的变化而变化，因此排队系统在零时刻的状态也是随机的，排队现象几乎是不可避免的。排队时间越长意味着浪费的时间越多，排队系统的效率也就越低。但盲目地增加服务设备，就要增加投资或发生空闲浪费，未必能提高利用效率。因此，管理人员必须考虑如何在这两者之间取得平衡，以期提高服务质量、降低成本。

排队问题实质上是一个平衡等待时间和服务台空闲时间的问题，也就是确定一个排队系统，使得对实体（等待服务的人、物或信息）和服务台两者都有利的问题。排队论就是解决上述问题的一门学科，又称随机服务理论，因为实体到达的时间和接受服务的时间常常是呈某种概率分布的随机变量。

1．排队论的基本概念

一般的排队系统都有以下三个基本组成部分。

① 到达模式。到达模式是指实体按照怎样的规律到达系统，描述实体到达的统计特性。

② 服务机构。服务机构是指同一时刻有多少服务台可以提供服务，服务台之间的布置及关系是什么样的。

③ 排队规则。排队规则是指对下一个实体服务的选择原则。

排队系统的基本结构如图 6-5 所示。

图 6-5　排队系统的基本结构

如何通过已知的到达模式和服务时间的概率分布，来研究排队系统的队长和服务机构"忙"或"空闲"的程度，就是离散系统仿真所要解决的问题。

（1）到达模式。

到达模式是指实体按照怎样的规律到达系统，一般用实体相继到达的间隔时间来描述。根据间隔时间的确定与否，到达模式可以分为确定性到达模式与随机性到达模式。

确定性到达模式是指实体有规则地按照一定的间隔时间到达。这些间隔时间是预先确定的或固定的。等距到达模式就是一种常见的确定性到达模式，表示每隔一个固定的时间段就到达一个实体。

随机性到达模式是指实体相继到达的间隔时间是随机的、不确定的，一般用概率分布来描述。常见的随机性到达模式有以下几种。

① 泊松到达模式（也称 M 形到达过程）。泊松到达模式一般需要满足四个条件，即平稳性、无后效性（独立性）、普遍性和有限性。泊松到达模式的概率分布函数为

$$A_0(t) = P(T \geqslant t) = \begin{cases} \mathrm{e}^{-\lambda}, & t \geqslant 0 \\ 1, & t < 0 \end{cases}$$

式中，λ——平均到达速度，即单位时间内到达的实体数。

泊松分布是一种很重要的概率分布，出现在许多典型的系统中。商店顾客的到来、机器到达维修点等均近似为泊松到达模式。

② 爱尔朗分布到达模式。爱尔朗分布常用于典型的电话系统。爱尔朗分布到达模式的概率分布函数 $A_0(t)$ 为

$$A_0(t) = \mathrm{e}^{-k\lambda t} \sum_{n=0}^{k-1} \frac{(k\lambda t)^n}{n!}$$

式中，λ——平均到达速度；

k——大于零的正整数。

③ 一般独立到达模式。一般独立到达模式也称任意分布的到达模式，是指到达间隔时间相互独立，概率分布函数 $A_0(t)$ 呈任意分布的到达模式，往往可以用一个离散的概率分布表加以描述。

此外，还有超指数到达模式、成批到达模式等。前者主要用于概率分布的标准差大于平均值的情况，后者与到达间隔时间的分布无关，只是在每一到达时刻，到达的实体数不是一个，而是一批。

（2）服务机构。

服务机构和实体（被服务者）组成排队系统，服务机构的结构与实体被服务的内容和顺序组成整个排队系统的仿真对象。

① 服务机构（服务台）。服务机构是指同一时刻有多少服务台可以提供服务，服务台之间的布置及关系是什么样的。服务机构不同，排队系统的结构也不同。根据服务机构与队列的形成方式不同，常见且比较基本的随机服务系统的结构一般可由若干级串行组成，而每一级又可以由多个服务台并列组成。单队列单服务台结构、多队列单服务台并联且共同拥有一个队列的结构以及多个服务台并联且每个服务台前有一个队列的结构是一些典型而基本的结构。

一个较为复杂的随机服务系统的结构往往是由以上几种基本结构组合而成的，如一条较为复杂的加工生产线可视为几个基本结构的组合系统。

② 服务时间。服务台为实体提供服务的时间可以是确定的，也可以是随机的。实际的排队系统的服务时间常常是随机的，即服务时间往往不是一个常量，而是受许多因素影响不断变化的，这样我们对于这些服务过程的描述就要借助于概率函数。服务时间的分布有以下几种。

定长分布：这是最简单的情形，所有实体被服务的时间为常数。

指数分布：当服务时间完全随机时，可以用指数分布来表示。

爱尔朗分布：用于服务时间的标准差小于平均值的情况。

超指数分布：与爱尔朗分布相对应，用于服务时间的标准差大于平均值的情况。

一般服务分布：用于服务时间相互独立但具有相同分布的随机情况。

上述分布都是一般服务分布的特例。

正态分布：在服务时间近似为常数的情况下，多种随机因素的影响使得服务时间围绕此常数上下波动，一般用正态分布来描述服务时间。

服务时间依赖于队长的情况：即排队的实体越多，服务速度越快，服务时间越短。

（3）排队规则。

当实体进入系统后或进入各级服务台前都有可能因为服务台忙而需要排队等待服务，即不能立即被服务，实体在排队等待服务时有不同的排队规则。

排队规则确定了实体在队列中的逻辑次序，服务台空闲时哪个实体被选择接受服务，以及实体按什么样的次序与规则接受服务。

排队规则主要有以下几种。

① 损失制。若实体到达时系统所有的服务机构均为非空，则实体自动离开，不再回来。

② 等待制。若实体到达时系统所有服务台均为非空，则实体就形成队列等待服务。等待制具体包括以下几种形式。

先到先服务（FIFO）：实体按照到达次序接受服务，这是最常见的情况。

后到先服务（LIFO）：与先到先服务相反，后到达的实体先接受服务，如乘电梯的人通常是后进先出的，仓库中堆放的大件物品也是如此。在信息系统中，由于最后到达的信息往往是最有价值的，因此常采用后到先服务的形式。

随机服务（SIRO）：当服务台空闲时，从等待的队列中任选一个实体进行服务，而不管实体到达的先后顺序。这时队列中每个实体被选中的概率相等。

按优先权服务（PR）：当实体有着不同的接受服务的优先权时，有两种情况。一种情况是当服务台空闲时，队列中优先级别最高的实体先接受服务；另一种情况是当有一个优先权高于当前被服务实体的实体到达时，中断当前服务转而对有优先权的实体进行服务，如在医院中急诊病人总是优先得到治疗。

最短处理时间服务（SPT）：当服务台空闲时，首先选择需要最短处理时间的实体进行服务。

③混合制。混合制是损失制与等待制混合的类型，主要包括以下几个排队规则。

限制队长的排队规则：设系统存在最大允许队长 N，当实体到达时，如果队长小于 N，则其加入排队，否则其自动离开。

限制等待时间的排队规则：设实体排队等待时间最长为 T，当等待时间大于 T 时，实体自动离开。

限制逗留时间的排队规则：逗留时间包括等待时间与服务时间。如果逗留时间大于最长允许逗留时间，则实体自动离开。

（4）排队系统的符号表示。

排队系统的表示方法通常采用 $A/S/C/N/K$ 的表示形式，其中 A 表示相继到达间隔时间的分布，S 表示服务时间的分布，C 表示并列的服务台的数目，N 表示排队的规模，K 表示实体（总体）规模。当 N、K 为无穷时，也可以表示成 $A/S/C$ 的形式。

常用的表示相继到达间隔时间和服务时间的概率分布的符号如下。

M——负指数分布（负指数分布具有无记忆性，即 Markov 性）。

D——确定性。

E_k——k 阶爱尔朗分布。

GI——一般相互独立的随机分布。

G——一般随机分布。

例如，$M/M/1$ 表示相继到达间隔时间为负指数分布，服务时间为负指数分布，单服务台的模型；$D/M/2$ 表示确定的到达间隔时间，服务时间为负指数分布，两个平行服务台（但实体为一队）的模型；$GI/G/1$ 表示单服务台，有一般相互独立的随机到达时间和一般随机服务时间的模型。

2. 单服务台排队系统仿真

单服务台排队系统是排队系统中最简单的结构形式。在单服务台排队系统中有一级服务台，这一级中也只有一个服务台，如只有一个职员的邮局，只有一台机器加工一个工序的加工系统等。单服务台排队系统的结构如图 6-6 所示。

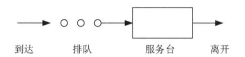

图 6-6 单服务台排队系统的结构

（1）事件类型。

单服务台排队系统中有两类原发事件，即到达与离开，而每类原发事件又带有一类后续事件，所以共有四类事件，如表 6-1 所示。

表 6-1　单服务台排队系统的事件类型

事件类型	性　质	事件描述	带后续事件
1	原发	实体到达系统	3
2	原发	服务结束，实体离开系统	4
3	后续	实体接受服务	—
4	后续	服务台寻找需要服务的实体	—

（2）事件处理子程序框图。

每类事件都有一个事件处理子程序，单服务台排队系统中四类事件的事件处理子程序框图如图 6-7 所示。

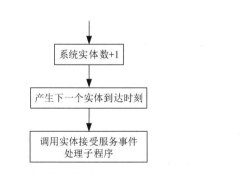

（a）实体到达系统事件处理子程序框图

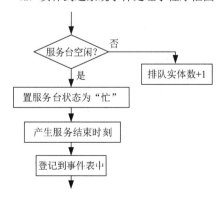

（c）实体接受服务事件处理子程序框图

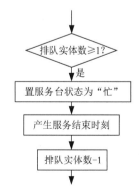

（b）实体离开系统事件处理子程序框图

（d）服务台寻找需要服务的实体事件处理子程序框图

图 6-7　单服务台排队系统中四类事件的事件处理子程序框图

（3）仿真过程。

下面以单服务台排队系统为例，介绍仿真过程。

在只有一个职员的邮局排队系统中，服务参数为 M/M/1，$\lambda = \mu = 0.1$，排队规则为 FIFO，仿真时钟以分为单位，仿真时间为 240 分钟。

表 6-2 中的第 1 列与第 2 列组成一个事件表，列出了原发事件（到达与离开）发生的特定时刻，仿真时钟按事件表中的特定时刻从 0 逐渐跳跃到 240。

表 6-2　单服务台排队系统仿真表

（1）仿真时钟/分	（2）事件类型	（3）顾客	（4）下一个顾客到达时刻	（5）队长	（6）等待时间/分钟	（7）服务开始时刻/分	（8）服务时间/分钟	（9）离开时刻/分	（10）服务台状态
0	—	—		0					0
0	1	1	7	0	0	0	10	10	1
7	1	2	25	1	3	10	6	16	1
10	2	1	—	0	—	—	—	10	1
16	2	2	—	0	—	—	—	16	0
25	1	3	26	0	0	25	5	30	1
26	1	4	28	1	4	30	53	83	1
28	1	5	30	2	55	83	34	117	1
30	2	3	—	1	—	—	—	30	1
30	1	6	46	2	87	117	12	129	1
…	…	…	…	…	…	…	…	…	…
236	2	13	0	0	—	—	—	—	1
238	2	14	0	0	—	—	—	—	0
240	1	—	—	—	—	—	—	—	1

表 6-2 描述了整个仿真过程。

仿真开始，将仿真时钟置为 0 分，设置初始状态为邮局刚开始营业。

第一个事件是第一个顾客到达事件（1 类事件），到达的时刻为 0 分，产生下一个顾客到达时刻（等于当前顾客到达时刻+到达间隔时间）为 7 分。因为服务台状态为空闲，队长为 0，顾客立即得到服务，排队系统中顾客数为 1 个，顾客等待时间为 0 分钟。服务时间为 10 分钟，服务结束时刻（到达时刻+等待时间+服务时间）为 10 分，顾客在排队系统中的逗留时间（等待时间+服务时间）为 10 分钟。

比较下一个顾客到达时刻（7 分）与此顾客离开时刻（10 分）的大小，按事件调度法原理，下一最早事件是 1 类事件，由此得出表 6-2 中第三行的相关数据，事件类型为 1，仿真时钟推进到 7 分，第二个顾客到达，到达时刻为 7 分，产生下一同类事件（到达事件），发生时刻为 25 分。由于第一个顾客还未离开，该顾客等待，队长为 1，系统中顾客数为 2 个。由于第二个顾客只有在前一个顾客离开后才能得到服务，因此该顾客的服务开始时刻等于前一个顾客离开的时刻，从而可以计算出其排队等待时间（服务开始时刻-到达时刻）为 3 分钟，服务时间为 6 分钟，离开时刻为 16 分，逗留时间为 9 分钟。

再比较下一个顾客到达时刻（25 分）与正在接受服务的顾客的离开时刻（16 分），可知下一最早发生事件是 2 类事件，由此得出表 6-2 中第四行的相关数据，事件类型为 2，仿真时钟推进到 10 分，离开的是第一个顾客，离开时刻为 10 分，已服务人数加 1。这时暗示着第二个顾客开始接受服务，队长和系统中顾客数均减 1。

继续比较下一个顾客到达时刻（25 分）与正在接受服务的第二个顾客的离开时刻（16 分），可知下一最早发生事件仍是 2 类事件，于是得到第五行的相关数据。当第二个顾客离开时，队列中无顾客等待，服务台空闲，一直到第三个顾客到达（25 分）。计算服务台闲置时间 [25-16=9（分钟）]，如此持续进行，直到仿真时钟（如 242 分）大于设定的仿真时间（240 分）为止。

6.3.4　库存系统仿真

企业的生产过程既是产品的制造过程，也是物资的消耗过程。很多企业视库存问题为"万恶之源"，良好的库存控制不但可以保障企业生产经营活动的正常进行，而且可以降低成本、加速资金周转、减少资金占用。可以说，能否有效控制库存，已经成为一个企业管理水平的重要标志之一。

1．库存系统结构

图 6-8 所示为库存系统，它主要包括库存状态、补充和需求三方面。库存状态是指存货随着时间的推移而发生的盘点数量的变化，其盘点数量随着需求过程而减

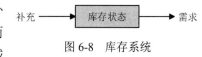

图 6-8　库存系统

少，又随着补充过程而增加。需求是库存系统的输出，它可以有不同形式，包括连续需求、间断需求、已知的确定性需求和随机需求等，无论哪种形式，一般来说均不受控制。给定了需求形式，库存系统的输出特性也就相应地确定了。补充是库存系统的输入，补充策略是根据库存系统的目标和需求方程来确定的。不同的需求与补充决定了库存系统的库存状态，这是一个随时间变化而变化的动态过程。

2．库存系统的参数

库存系统主要有以下几个常用的参数。

（1）需求速度 D。需求速度也称为平均用量，是指材料在单位时间内耗用的平均量。它既可以是一个定值，表示需求稳定，也可以是一个变量；既可以是一个确定量，也可以是一个随机量。

（2）库存量。库存量表示当前的库存状态。

（3）最高库存量 M。最高库存量为特定时间内库存量的最高限额，即库存量限制的目标。

（4）最低库存量 L。最低库存量为足以应对采购延误或用量突增等情况的库存量，

以免停工待料产生损失，也称为安全库存量。

（5）订货量。订货量是指每次订货的数量，既可以是一个确定量，也可以是根据当前库存量而定的一个变量。

（6）订货提前期 B。订货提前期是指从货物订购到货物入库所需的时间，通常也是一个随机量。

（7）订货周期 N。订货一般采用固定周期，即到一定的时间订货，但是也可以采用不固定周期，即根据库存量来决定是否订货。

（8）存储费用。

库存系统中发生的主要费用可以分为以下三类。

存储费用：包括搬运、储存、损耗、保险及存货利息等。

缺货损失：单位时间内每单位商品所承担的待料损失。

订货费用：因每批订货而发生的支出，如印花税、报送费、通信费、采购部门的办公费用等。

3. 库存状态的动态变化

根据库存系统参数的特性不同，可以将库存系统分为确定型库存系统和随机型库存系统，这两类库存系统的库存状态变化是不同的。

确定型库存系统的需求过程是确定的或稳定均匀的，补充过程也是确定的，即订货提前期为零或固定的时间段。确定型库存系统可以确知其需求特性和补充过程，其库存控制比较容易，可以通过解析的方法来寻找最佳订货点（OP）和订货量，以确保库存系统生命周期内产生的费用最低。

随机型库存系统的库存状态影响因素是随机的、不确定的。其随机性主要表现为需求的随机性和订货提前期的不确定性。对于不同的随机型库存系统，库存状态影响因素的类型是不同的，有的随机型库存系统仅输入过程或输出过程存在随机性，而更多的随机型库存系统输入过程和输出过程都是随机的。

当需求速度随机变化时，每次的订货量也将随之变化，而随机型库存系统的库存状态也不同于确定型库存系统，是随机变化的。

由于随机型库存系统随时会受到不确定性因素的影响，因此不仅影响库存量的输入、输出因素是随机变动的，不同时期的存储费用也经常是随机波动的。在求解这类复杂的随机型库存系统问题时，数学解析方法往往变得无能为力，而采用仿真方法解决随机过程服从一定分布的随机型库存系统问题是非常合适的。在随机型库存系统中，存在的确定性因素非常少，随机型库存系统欲实现费用最低的目标，可以控制的因素主要包括订货点和每批订货量。

4. 库存系统的基本类型

事实上，任何一个库存系统总有其确定性影响因素和不确定性影响因素，而不同的库存系统其确定性影响因素和不确定性影响因素的类型往往也是不同的。根据影响因素的不同，可以将常见的库存系统分为以下几类。

（1）无缺货零订货提前期批量库存系统。在这类库存系统中，由于缺货损失无限大，因此不允许出现缺货现象。另外，货物也是可以及时补充的，不需要提前订货，货物随订随到。对于这类库存系统，产生的费用仅涉及订货费用与存储费用。

（2）有订货提前期和延期交货的库存系统。在这类库存系统中，有订货提前期，要求提前订货，即在期望货物入库的时间点之前订货。当一个库存系统的缺货损失有限时，允许一定量的缺货将会实现一定的经济效益，更有利于库存控制。这时存储费用将包括产品存储费用、缺货损失和订货费用。

（3）制造批量库存系统。在制造批量库存系统中，货物的入库是一个逐渐的过程，而不是一次完成的。在这种库存系统中补充过程也会受到不确定性因素的影响，因而补充速度也可能是随机的。当然，上述订货提前和缺货问题也可能在这类库存系统中发生。

（4）数量折扣库存系统。通常在采购物品时会得到一个价格上的折扣，当一次采购量达到或超过折扣点时，往往会在单位价格上有所降低，有时可能会有多个折扣点。对于这类问题，库存系统在控制存储费用时，必须考虑折扣因素的影响，加大订货量会增加存储费用，但同时又会减少订货费用并带来折扣优惠，有必要在这三者之间权衡。常见的做法是在各折扣价格下找出费用极低的订货量，并在所有极低订货量中确定出费用最低的订货量，以享受这一订货批量档上的价格优惠。

（5）涨价库存系统。当一个库存系统确知在未来某个时间货物价格将要上涨时，需要存储大量的货物以备未来消耗，力图降低价格上涨带来的影响。与此同时，货物的存储费用也会上升，权衡二者确定最佳存储量是这类库存系统要解决的问题。

5. 蒙特卡洛法仿真库存问题

蒙特卡洛（Monte-Carlo）法是以概率统计的理论、方法为基础的一种计算方法，将所求解的问题同一定的概率模型相联系，用计算机实现统计模拟或抽样，以获得问题的近似解，故又称统计模拟法或统计试验法。

蒙特卡洛法的基本思想是，首先为所求解的问题建立一个概率模型，其次产生该问题的统计抽样样本，最后分析这些样本的特性，并以此作为原问题的解。其主要的理论依据是概率论中的大数定理。当采用蒙特卡洛法时，需要进行大量的统计模拟才能获得原问题的近似解，因而其计算量非常大。随着计算机技术的迅速发展，这一制约蒙特卡洛法应用的主要因素已经得到解除。

以下通过一个多周期随机型库存问题的实例来说明蒙特卡洛法的应用。

某公司订购并销售某种商品，基本资料如下。

（1）连续性盘点，每次订货费用为 100 元，每单位商品的采购价为 100 元，单件货物的存储费用为 50 元。

（2）采用缺货不供应处理方式，单件缺货损失为 30 元。

（3）商品的年需求量预计为 1000 个。

（4）商品每天的需求量为随机变量，订货周期亦为随机变量。根据以往的统计资料，它们的分布概率如表 6-3 所示。

表 6-3　商品每天的需求量及订货周期的分布概率

需求量/（个/天）	分布概率	订货周期/天	分布概率
0	0.05	0	0.00
1	0.10	1	0.15
2	0.15	2	0.20
3	0.40	3	0.50
4	0.15	4	0.15
5	0.15	—	—

由于订货周期及需求量的随机性，因此有必要确定最佳的存储策略，如最佳订货量和最佳订货点，主要有以下几个步骤。

第一步：用蒙特卡洛法模拟商品需求过程，从而确定订货周期中需求量（DDLT）的分布概率。

为了计算订货周期中需求量的分布概率，要把订货周期和需求量的分布概率进行合成。这一步一般采用数值方法来计算，对于本实例必须计算 4×5=20 种组合，而且每种组合还会有各种不同的情况，计算十分烦琐，在订货周期和需求量的分布级数很多的情况下，完成这种计算是不可能的。此时采用蒙特卡洛法则十分方便。

（1）对订货周期和需求量的分布概率进行随机数编码。随机数采用两位数字（00～99），如表 6-4、表 6-5 所示。

表 6-4　需求量的分布概率的随机数编码

需求量/（个/天）	概率	累积概率	随机数编码
0	0.05	0.05	00～04
1	0.10	0.15	05～14
2	0.15	0.30	15～29
3	0.40	0.70	30～69
4	0.15	0.85	70～84
5	0.15	1.00	85～99

表 6-5　订货周期的分布概率的随机数编码

订货周期/天	概率	累积概率	随机数编码
1	0.15	0.15	00～14
2	0.20	0.35	15～34
3	0.50	0.85	35～84
4	0.15	1.00	85～99

（2）利用随机数进行模拟试验。根据本实例的要求，利用计算机产生一组随机数，填入表 6-6。

表 6-6　订货周期中需求量的试验表

模拟次数	订货周期	订货周期中需求量/个				订货周期中需求量合计/个
	随机数及对应天数	第一天	第二天	第三天	第四天	
1	743	282	433	895	—	10
2	041	643	—	—	—	3
3	101	232	—	—	—	2
4	332	794	121	—	—	5
5	081	975	—	—	—	5
6	964	141	683	363	493	10
7	864	101	724	182	423	10

（3）用上述方法模拟试验 5000 次，模拟次数越多，试验的结果越接近理论值。由此可得出订货周期中需求量的分布概率，如表 6-7 所示。

表 6-7　订货周期中需求量的分布概率

订货周期中需求量/个	分布概率	订货周期中需求量/个	分布概率
0	0.0098	11	0.0868
1	0.0162	12	0.0606
2	0.0244	13	0.0380
3	0.0774	14	0.0222
4	0.0578	15	0.0136
5	0.0758	16	0.0048
6	0.0910	17	0.0024
7	0.0954	18	0.0012
8	0.1168	19	0.0006
9	0.1110	20	0.0004
10	0.0938	—	—

第二步：计算缺货的概率和平均缺货个数。

（1）缺货的概率。

订货点低，可以减少库存量，但是有可能发生缺货现象。

当订货点为 20 个时，即商品库存量为 20 个时就开始订货，不可能发生缺货现象，缺货的概率为 0。

当订货点为 19 个时，订货周期中需求量为 20 个的情况下，会发生缺货现象，由表 6-7 可知缺货的概率为

$$P(\text{DDLT}>19)=P(\text{DDLT}=20)=0.0004$$

当订货点为18个时，订货周期中需求量为20个或19个的情况下，会发生缺货现象，由表6-7可知缺货的概率为

$$P(DDLT>18)=P(DDLT=20)+P(DDLT=19)=0.0004+0.0006=0.0010$$

同样地，当订货点为17个时，订货周期中需求量为20个、19个和18个的情况下，会发生缺货现象，由表6-7可知缺货的概率为

$$P(DDLT>17)=P(DDLT=20)+P(DDLT=19)+P(DDLT=18)=0.0004+0.0006+0.0012=0.0022$$

以此类推，可以求出订货点从20个到0个的情况下缺货的概率，如表6-8所示。

表6-8 订货点及对应的缺货的概率

订货点/个	缺货的概率 $P(DDLT>OP)$	订货点/个	缺货的概率 $P(DDLT>OP)$
0	0.9902	11	0.1438
1	0.9740	12	0.0832
2	0.9496	13	0.0452
3	0.8722	14	0.0230
4	0.8144	15	0.0094
5	0.7386	16	0.0046
6	0.6476	17	0.0022
7	0.5522	18	0.0010
8	0.4354	19	0.0004
9	0.3244	20	0.0000
10	0.2306	—	—

（2）平均缺货个数。

当订货点为20个时，不可能发生缺货现象，平均缺货个数为0，即

$$E(DDLT>20)=0$$

当订货点为19个时，在订货周期中需求量为20个的情况下，会发生缺货现象，平均缺货个数为

$$E(DDLT>19)=(20-19)\times P(DDLT=20)=1\times0.0004=0.0004$$

当订货点为18个时，在订货周期中需求量为20个或19个的情况下，会发生缺货现象，平均缺货个数为

$$E(DDLT>18)=(20-18)\times P(DDLT=20)+(19-18)\times P(DDLT=19)$$
$$=2\times0.0004+1\times0.0006$$
$$=0.0014$$

以此类推，可以求出订货点在从20个到0个的情况下的平均缺货个数，如表6-9所示。

表 6-9　订货点及其对应的平均缺货个数

订货点/个	平均缺货个数 $E(\mathrm{DDLT}>\mathrm{OP})$	订货点/个	平均缺货个数 $E(\mathrm{DDLT}>\mathrm{OP})$
0	7.8420	11	0.3128
1	6.8518	12	0.1690
2	5.8778	13	0.0858
3	4.9282	14	0.0406
4	4.0560	15	0.0176
5	3.2416	16	0.0082
6	2.5030	17	0.0036
7	1.8554	18	0.0014
8	1.3032	19	0.0004
9	0.8678	20	0.0000
10	0.5434	—	—

第三步：使用模拟方法确定最佳订货点和最佳订货量。

由于最佳订货点和最佳订货量都是以年总费用最低为目标的，因此必须先计算年总费用。

$$年总费用＝年存储费用+年订货费用+年缺货损失$$
$$＝(Q/2+\mathrm{OP}-L\times U)\times R+S/Q\times A+C\times E(\mathrm{DDLT}>\mathrm{OP})\times S/Q$$

式中，Q——订货量（个/次）（$Q/2$ 为平均存储量）；

　　　S——年需求量（个）；

　　　R——单位商品存储费用；

　　　A——订货费用（元/次）；

　　　OP——订货点（个）；

　　　L——订货周期（天）；

　　　U——每天的需求量（个）；

　　　$E(\mathrm{DDLT}>\mathrm{OP})$——订货点为 OP 时的平均缺货个数；

　　　C——缺货损失（元/个）。

在本实例中，订货周期 $L=1\times0.15+2\times0.20+3\times0.50+4\times0.15$，每天的需求量 $U=1000/365$，只有 OP 及 Q 是变量。因此，年总费用可以由 OP 和 Q 的组合来确定。当订货点在 1～20 范围内变化时，订货量在 1～1000 范围内变化，可以找出在变化过程中的最低年总费用，它所对应的 OP 及 Q 就是最佳订货点与最佳订货量。本实例的最佳库存策略为，当订货点为 12 个，订货量为 65 个/次时，最低年总费用为 3484.26 元。

6.4　连续系统仿真

描述连续系统的最基本的数学工具是微分方程。连续系统仿真的中心问题是将微分方程描述的连续系统转变为能在数字机上运行的模型。转变方法主要有微分方程的数值积分法和连续系统的离散化方法。本节首先简要介绍利用数值积分法来建立离散形式模型之一——差分方程的方法，其次介绍微分方程的数值积分法。

6.4.1 差分方程

设一阶微分方程及其初值为

$$\begin{cases} \dot{y}(t) = f[t, y(t)], & a \leqslant t \leqslant b \\ y(a) = y_0 \end{cases} \tag{6-3}$$

式（6-3）的解 $y(t)$ 是 $[a,b]$ 区间上连续变量 t 的函数。上述方程的数值解法是在若干离散点处，如 $a = t_0 < t_1 < \cdots < t_n = b$ 处，计算出 $y(t)$ 的近似值 $y_0, y_1, \cdots, y_n$ 来代替连续变量 $y(t)$ 的值。点列 y_k（$k=0,1,\cdots,n$）称为式（6-3）在点列 t_k（$k=0,1,\cdots,n$）处的数值解，通常取等时间间隔，即 $t_i - t_{i-1} = h$（$i=0,1,\cdots,n$），h 称为步长。由此可见，用数值积分法仿真连续系统，就是先用某种离散化方法（如数值积分法、泰勒展开式等）将问题转化成离散变量的问题，即近似的差分方程的初值问题，然后逐步计算出 y_k。

6.4.2 欧拉法

欧拉（Euler）法是最简单的一种数值积分法，虽然它的计算精度比较低，在实际中也很少采用，但由于它导出简单、几何意义明显、便于理解，并且能说明构造数值解法一般计算公式的基本思想，因此通常用它来说明有关的基本概念。

在 $[t_k, t_{k+1}]$ 区间上对式（6-3）求积分得

$$y(t_{k+1}) = y(t_k) + \int_{t_k}^{t_{k+1}} f[t, y(t)] \mathrm{d}t \tag{6-4}$$

由于式（6-4）等号右端积分中含有未知函数 $f[t, y(t)]$，因此无法直接得到 $y(t_{k+1})$，我们可以用矩形面积近似代替该区间上的曲线积分，即

$$\int_{t_k}^{t_{k+1}} f[t, y(t)] \mathrm{d}t \approx f\left[t_k, y(t_k)\right] \cdot h \tag{6-5}$$

如果用在 t_k 时刻计算出的近似值 y_k 来代替 $y(t_k)$，则可得

$$y(t_{k+1}) \approx y_k + f(t_k, y_k) \cdot h = y_{k+1}, \quad h = 0,1,\cdots,n-1 \tag{6-6}$$

式（6-6）为欧拉法计算公式。由于用矩形面积代替了小区间上的曲线积分，因此计算精度较低。为了提高计算精度，可以减小步长 h，这会导致计算次数增加，不仅使计算工作量增加，而且计算机的有限步长会引起舍入误差，计算次数的增加会使得累积误差的舍入误差加大。因此，通过减小步长来提高计算精度是有限度的。欧拉法一般用于仿真精度要求不高的场合。

6.4.3 梯形法

欧拉法中用矩形面积代替小区间上的曲线积分，而在梯形法中则用梯形面积来代替小区间上的曲线积分，显然这样可以提高计算精度。梯形法计算公式为

$$y_{k+1} = y_k + \frac{h}{2}[f(t_k, y_k) + f(t_{k+1}, y_{k+1})], \quad k = 0, 1, \cdots, n-1 \tag{6-7}$$

式（6-7）为含有待求量 y_{k+1} 的方程，通常求解隐含 y_{k+1} 的方程是比较困难的，所以我们首先用简单的欧拉法计算 $y(t_{k+1})$ 的近似值，用 $y_{k+1}^{(0)}$ 表示；其次将其代入式（6-7）等号右端，计算 y_{k+1}。为了提高计算精度，可反复迭代计算，于是可得迭代公式，即

$$y_{k+1}^{(0)} = y + f(t_k, y_k) \cdot h$$

$$y_{k+1}^{(1)} = y_k + \frac{h}{2}\left[f(t_k, y_k) + f(t_{k+1}, y_{k+1}^{(0)})\right]$$

$$\vdots$$

$$y_{k+1}^{(i+1)} = y_k + \frac{h}{2}\left[f(t_k, y_k) + f(t_{k+1}, y_{k+1}^{(k)})\right]$$

直到 $\left| y_{k+1}^{(i-1)} - y_{k+1}^i \right| \leqslant \varepsilon$（$\varepsilon$ 为给定的允许误差）。如果 $y_{k+1}^{(0)}, y_{k+1}^{(1)}, \cdots$ 这个序列是收敛的，那么极限存在，即 $i \to \infty$ 时该序列趋于某一极限值，因此可用此极限值作为 y_{k+1}。可以证明，如果 $\partial f / \partial y$ 有界，且 h 取值较小，那么上述序列必定收敛。由迭代过程可看出，每迭代一次，计算量几乎增加一倍。在实际应用中，只要 h 取值足够小，通常迭代一次就认为已经求得 y_{k+1} 了。这种迭代一次的计算公式为

$$\begin{cases} y_{k+1}^{(0)} = y_k + h \cdot f(t_k, y_k) \\ y_{k+1} = y_k + \frac{\infty}{2} \cdot [f(t_k, y_k) + f(t_{k+1}, y_{k+1}^{(0)})], \quad k = 0, 1, \cdots, n-1 \end{cases} \tag{6-8}$$

式（6-8）称为改进的欧拉法计算公式，又称为预估校正公式。式（6-8）中的第一式为预估公式，第二式为校正公式。

6.4.4 四阶龙格-库塔法

如果计算精度要求较高，则常采用四阶龙格-库塔法。四阶龙格-库塔法是系统仿真中常用的方法之一，它的基础是泰勒展开式。这里不加推导直接引用其计算公式，即

$$\begin{cases} y_{k+1} = y_k + \frac{h}{6} \cdot (k_1 + 2k_2 + 2k_3 + k_4) \\ k_1 = f(t_k, y_k) \\ k_2 = f(t_k + h/2, y_k + k_1 h/2) \\ k_3 = f(t_k + h/2, y_k + k_2 h/2) \\ k_4 = f(t_k + h, y_k + k_3 h) \end{cases} \tag{6-9}$$

四阶龙格-库塔法计算精度较高,其截断误差正比于$\circ(h)$,欧拉法、改进的欧拉法的截断误差分别正比于$\circ(h_2)$和$\circ(h_3)$。但是四阶龙格-库塔法计算量较大。

以上介绍的几种数值积分法只针对一阶微分方程描述的连续系统,对于高阶微分方程描述的连续系统,可把高阶微分方程转化成一组一阶微分方程。每个一阶微分方程都可用数值积分法计算,这样就可以很容易地将整个系统的动态特性全部计算出来。因此,对于连续系统仿真,若采用微分方程的数值积分法,则其基础是一组一阶微分方程或状态方程。

6.5 系统动力学

6.5.1 概述

系统动力学(System Dynamics,SD)是一门综合了反馈控制理论、信息论、系统论、决策论、计算机仿真和系统分析的试验方法而发展起来的,定性与定量相结合地研究复杂系统动态行为的应用学科,属于系统科学与管理科学的一个分支。它以系统思考的观点、方法来界定系统的组织边界、运作及信息传递流程,以因果反馈环路定性地描述系统的动态复杂性,在此基础上构建系统动力学流图模型而形成"策略试验空间",管理决策者可在其中尝试各种不同的情境、构想及策略,并通过计算机仿真来定量地模拟不同策略下现实系统的行为模式,以了解系统动态行为的结构性原因,通过改变系统模型结构或相关变量参数,分析并设计出良好的系统结构以及动态复杂系统问题和改善系统绩效的高杠杆解决方案。

1. 系统动力学的起源及发展

系统动力学的创立始于20世纪50年代福雷斯特(Jay W. Forrester)教授受邀到美国麻省理工学院(MIT)斯隆管理学院进行计算机科学和反馈控制理论应用于社会、经济等系统的研究。到1958年论文"Industrial Dynamics:A Major Breakthrough for Decision Making"发表及1961年专著《工业动力学》(*Industrial Dynamics*)出版时,系统动力学已见雏形。因为当时系统动力学主要用于工业系统的研究,所以取名为工业动力学。在接下来的10年中,福雷斯特相继出版了《系统原理》(*Principle of System*)、《城市动力学》(*Urban Dynamics*)及《世界动力学》(*World Dynamics*)3本专著。福雷斯特的学生梅多斯(D. H. Meadows)应用系统动力学建立了世界模型,并在1971年发表了题为《增长的极限》(the Limits to Growth)的研究报告(受罗马俱乐部委托进行的研究)。这些研究成果涉及城市、人口、住宅、企业、经济兴衰、失业、能源、农业、环境等多种系统及问题,这也标志着工业动力学逐步由工业、企业系统的研究延伸到学习教育、组织学习、城市发展、区域及全球经济、生态环境等较大规模的社会、经济系统的综合应用研究。因此,福雷斯特于20世纪70年代将"工业动力学"更名为"系统动力学"。到1983

年，福雷斯特历时 11 年完成了方程数达 4000 个的美国国家系统动力学模型，揭示了美国与西方国家经济长波形成的内在奥秘，使得系统动力学的理论、方法、思考模式逐渐成熟，为人类研究各种动态复杂系统问题提供了新的解决方案。

2．系统动力学的基本观点

系统动力学从系统微观结构入手，构造系统的基本结构，以白箱方式模拟与分析复杂系统的动态行为，因此有着不同于黑箱理论的基本观点。

（1）研究对象的前提。系统动力学所研究的系统必须是远离平衡的、有序的耗散结构。

（2）复杂系统及特性。

① 社会、政治、经济、生态、军事、企业、物流、供应链等系统是具有自组织耗散结构性质的开放系统。

② 复杂系统是具有多变量、多回路的高阶非线性反馈系统，一切社会、生态、生物系统都是复杂系统。

③ 复杂系统具有复杂性、动态性、延迟性、突现性、反直观性、对变动参数的不敏感性、对变更策略的抵制性等动力学特性。

（3）系统结构与功能。

① 系统动力学认为，系统是结构与功能的统一体，分别表示系统构成与行为的特征。

② 一阶反馈结构（或环路）是构成系统的基本结构，一个复杂系统是由相互作用的反馈环路组成的。

③ 一个反馈环路就是由系统的状态、速率、信息三个基本部分组成的基本结构，其中主要的是状态变量、速率变量（目标、偏差、行动）。

④ 一个复杂系统的结构由若干相互作用的反馈环路组成，反馈环路的交叉、相互作用形成系统的总功能（行为）。

（4）内生的观点。系统行为的性质主要（但非全部）取决于系统内部结构，即内部的反馈结构与机制。

（5）主导动态结构/变量作用原理。

① 主回路的性质及其相互作用主要决定了系统行为的性质及其变化与发展。

② 系统中有一部分相对重要的变量对系统结构与行为的影响较大，且一般包含在主回路中，即灵敏变量。

③ 灵敏变量（往往非线性）若处于主回路或两种极性回路的联结处，则即使微小变化，也可能使主回路转移或改变其极性，甚至导致整个系统的结构与行为产生巨大变化。

（6）系统的历史性与进化规律。系统的结构、参数与功能、行为一般随时间的推移而变化。

3．对系统动力学的描述

（1）系统动力学利用状态变量来描述多变量系统，以揭示系统的内在规律与反馈机制。

（2）为了方便，将系统动力学描述系统的高阶非线性随机偏微分方程简化为确定性的非线性微分方程。

（3）系统动力学利用专用噪声函数（测试函数）来研究系统中存在的某些随机的不确定性因素的影响。

（4）在涉及人类活动的社会、经济等复杂系统中，难以用明显的数学表达式描述的结构称为不良结构。不良结构只能用半定量、半定性或定性方法处理，对于无法定量化或半定量化的部分则用定性方法处理。

（5）系统动力学一般把部分不良结构相对地良化，或者用近似的良结构来代替，或者定性与定量结合地把一部分定性问题定量化。

（6）系统动力学以定量描述为主，辅以半定量、半定性或定性描述，是定量模型与概念模型的结合与统一。

4. 系统动力学的特点及作用

系统动力学具有处理高阶次（High Level of Order）、多环路（Loop Multiplicity）、非线性（Non-Linear）及时间延迟（Time Delay）的动态问题的优势，具体有如下几个特点。

（1）系统思考。闭环、动态、结构性思考。

（2）行为内生。行为来自结构，注重背后的反馈结构。

（3）动态发展。注重系统行为模式的动态变化。

（4）因果关联。注重内部、内外因素之间的相互关系。

（5）政策试验。通过仿真进行策略试验，类似于物理、化学试验。

（6）善于处理周期性/长期性问题。

（7）强调预测的条件。

（8）可处理数据不充分或难量化的情况。

系统动力学具有动态性、易于描述非线性关系、易于定量分析、建模过程简单、定性与定量相结合等特点和优势，可用于以下几方面。

（1）现行政策报警。

（2）新政策实验。

（3）计划制订。

（4）管理、社会、经济系统实验室。

（5）预测。

6.5.2 系统动力学认识、分析和解决问题的基本步骤

系统动力学可以将企业、物流、供应链等现实系统的结构与决策用一种动态的试验模型表示出来，并进行仿真。得到的仿真结果可以作为参考反馈信息来指导对所建立的

模型的修正，进而改进或重新制定策略。将新的策略在系统模型中继续仿真，分析并比较结果，进一步改善模型和策略。上述过程一般会不断循环、往复进行，直到所建立的模型更接近实际情况。整个过程就是系统动力学认识、分析和解决问题的基本步骤，如图 6-9 所示。

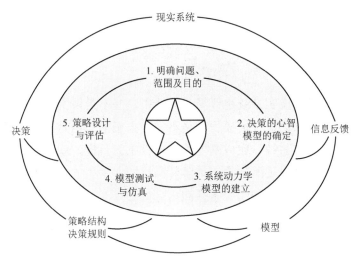

图 6-9　系统动力学认识、分析和解决问题的基本步骤

1．明确问题、范围及目的

系统动力学对社会、经济系统进行仿真试验的目的主要是认识和预测系统的结构及其未来的行为，以便为进一步确定系统结构、设计最佳运行参数及制定合理的政策提供依据。因此，针对具体的系统，建模仿真的目的是不同的，必须明确所要研究的系统问题、建模仿真的目的及所研究系统的范围。

2．决策的心智模型的确定

决策的心智模型（Mental Model）是指导系统动力学模型建立的纲领，在研究每个具体的系统问题时，都必须有一个针对具体问题的心智模型，系统模型的高层结构范围图（Range Diagram of the High-Rise Structure）、因果关系图（Causal Loop Diagram）、系统动力学的详细流图（Stock and Flow Map）等的构建都必须围绕心智模型展开。决策的心智模型的建立主要是指利用系统思考的观点和方法，整体和系统地考虑所研究的系统问题。

3．系统动力学模型的建立

需要建立三个层面的系统动力学模型。

系统高层结构模型：是所研究系统结构的整体反映，主要包括系统主要模块组成或要素、模块或要素之间的相互关系、系统大业务流程等的确定。

因果反馈环路模型：是对系统问题的定性刻画，是系统动力学后续建模仿真得以顺利进行的基础，包括所研究系统问题的主要相关变量的确定，以及各变量之间的因果关系及反馈环路结构的确定，是系统高层结构模型的进一步细化。

系统动力学流图模型：是对系统问题的定量刻画，是实现系统动力学定量仿真的直接载体，主要根据因果反馈环路模型，利用系统动力学方法特有的描述各种变量及其相互关系的符号绘制而成，需要完整细化所研究系统范围内系统结构的所有变量及其类型，并量化所有变量之间的数学或逻辑关系，得到相应的量化方程。

4．模型测试与仿真

系统动力学模型是对现实系统进行简化的结果，并不是现实系统的复制品，所以从再现客观世界真实情况来讲，任何模型都是不完全正确的。但是，只要模型能在既定的约束条件下有效接近现实系统，完成既定约束条件下的目标，就可以说由此而构建的模型是有效的。一旦模型远离了既定的约束条件和目标，模型的有效性便没有多大意义，所以为了保证模型能满足既定的约束条件和目标，必须对模型进行必要的测试。模型测试的主要目的是保证和提升模型的稳健性、有效性，使得所建立的模型能为策略设计提供科学、有效的参考与支持。一般模型测试包括量纲一致性测试、极端条件测试、行为再现测试、行为异常测试和敏感性测试等。

模型的有效性得到验证后，设定好相关变量的初值、仿真运行参数（如运行时间范围及步长）及仿真情景，便可以进行模型仿真。需要进一步对仿真结果进行分析，找出系统结构或策略的缺陷与不足，确定是否对模型结构、相关参数进行修正或改进相关的策略，然后再次进行模型仿真，使模型和策略更接近现实系统。

5．策略设计与评估

根据前面得到的仿真模型与仿真结果，讨论其在现实系统中的应用与实施的方法，主要包括各种不同情境的设计与描述，适用于何种环境；策略的设计及应用，如何应用于现实系统；评估所设计的策略的影响，将产生什么影响及反应；等等。

由上面 5 个步骤可以看出，系统动力学是一种定性与定量相结合的研究方法，定性过程包括明确问题、范围及目的，决策的心智模型的确定，以及系统高层结构模型和因果反馈环路模型的建立；定量过程包括系统动力学流图模型的建立，模型测试与仿真，以及策略设计与评估。

6.5.3　系统动力学建模的方法

系统动力学建模是实现系统动力学仿真的基本前提。系统动力学模型一般涉及系统高层结构模型、因果反馈环路模型和系统动力学流图模型。此外，还有一种结合了因果反馈环路和系统动力学流图的系统动力学混合图模型。

1. 系统高层结构模型的建立——框图法

框图，即系统结构框图，一般用方框、圆圈等符号简明地表示系统主要子模块并描述它们之间物质与信息的交互关系。框图法比较简单，但在建模初期的系统分析与系统结构分析中的作用非常明显，使用框图有助于确定系统边界、分析各子模块间的反馈关系及系统内可能的主回路。图6-10所示为Forrester供应链流程框图。

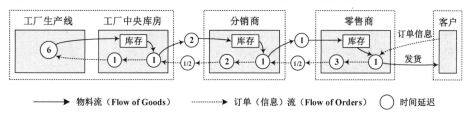

图6-10　Forrester供应链流程框图

2. 因果反馈环路模型的建立——因果关系环路法

因果关系环路法是利用因果关系来表达系统结构中各变量之间的关系及反馈环路的方法，是一种非技术性、直观描述模型结构的方法，多用于构思模型的初期阶段，有助于与不熟悉系统动力学的人员交流、讨论系统问题。因果关系环路法是系统动力学定性分析和研究开放复杂巨系统的内在因果关系及其反馈机制常用的有效方法。

（1）因果关系。

因果关系（Causal Relation）是系统内部各要素之间及系统与环境之间存在的固有关系，是对社会系统内部关系的一种真实的写照，是构成系统动力学模型的基础，也是系统分析的重点。在进行社会、经济系统仿真时，因果关系分析是建立正确的模型的必由之路。因果关系的意义有以下几点。

① 通过因果关系的确定来说明社会、经济系统中的问题，既符合逻辑，又直观明了。因此，因果关系分析给人们研究社会、经济系统提供了科学的思路。

② 因果关系的确定能对复杂的社会、经济系统进行必要的简化，使人们的思路清晰，从而为人们研究社会、经济系统提供沟通的渠道。

③ 借助于因果关系，可以说明社会、经济系统的边界和内部要素，为因果反馈环路模型和系统动力学流图模型的建立提供基础。

如图6-11所示，系统中的要素用封闭轮廓线表示，中间标注其名称或符号。从变量（要素）*A*指向变量（要素）*B*的箭线表示*A*对*B*的作用。箭尾变量*A*是原因，箭头变量*B*是结果。这个箭线称为因果关系键。如果变量*A*增加，变量*B*也随之增加，即*A*、*B*的变化方向一致，则称*A*、*B*之间具有正因果关系，将"+"号标在因果关系键旁，这种键称为正因果关系键。如果变量*A*增加，变量*B*反而减少，即*A*、*B*的变化方向相反，则*A*、*B*之间具有负因果关系，将"−"号标在因果关系键旁，这种键称为负因果关系键。正因果关系键与负因果关系键分别简称为正键、负键。

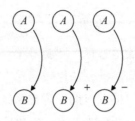

图 6-11 因果关系键

因果关系是逻辑关系，没有计量和时间上的意义。也就是说，变量 A、B 之间的数量差异和延迟关系都不影响因果关系键的存在。在系统中，任意具有因果关系的两个变量之间的关系不是正因果关系，就是负因果关系，没有第三种因果关系。通过因果关系键，我们可以把复杂的社会、经济系统描述成易于理解的架构，以这个架构为基础，深入理解系统的本质并进一步建立系统动力学模型。因果关系示例如图 6-12 所示。

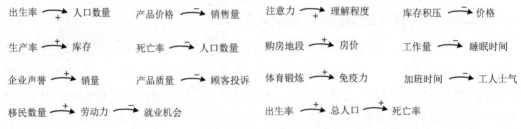

图 6-12 因果关系示例

（2）反馈环路。

反馈环路（Feedback Loop）也称为因果反馈环路，是按业务流程顺序连接系统策略、状态和信息，最后回到策略并对其产生反作用的封闭环路，也就是两个以上的因果关系键首尾串联而成的封闭环路。在因果关系环中，无法确定何处是环的起点或终点，即无法判断哪个变量是因，哪个变量是果。

如图 6-13 所示，因果关系键有正键和负键之分，由这种键串联而成的反馈环路也可以分为正反馈环路和负反馈环路。如图 6-13（a）所示，如果变量 A 增加 ΔA、变量 B 增加 ΔB 之后使变量 C 减少 ΔC，变量 C 减少 ΔC 之后又使变量 A 再增加 $\Delta A'$，则说明变量 A 增加 ΔA 之后，通过整个反馈环路的影响使变量 A 的增量成为 $\Delta A + \Delta A'$。如果变量 A 减少 ΔA，结果会使变量 A 再减少 $\Delta A'$，从而使变量 A 总的减少量为 $\Delta A + \Delta A'$。总的来说，反馈环路中任一变量的变动最终会使该变量同方向变动的趋势加强，这种具有自我强化效果的反馈环路称为正反馈环路（简称正环），也称为增强型（Reinforcing）反馈环路。同理，如果反馈环路中某个变量发生变化后，通过反馈环路中各变量的依次作用，最终使该变量减弱其变化趋势，则称这种反馈环路为负反馈环路（简称负环），也称为平衡型（Balancing）反馈环路。显然，图 6-13（a）为正反馈环路，图 6-13（b）为负反馈环路。负反馈环路的行为是使变化趋于稳定，是一种自我调节的行为。因此，社会、经济系统主要是通过负反馈环路的作用达到稳定状态的。

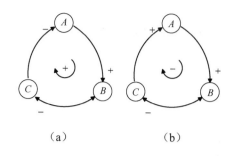

图 6-13　反馈环路示意图

对于一个复杂的反馈环路，可以通过以下规律来判断其极性。

① 若反馈环路中各因果关系键均为正键，则该反馈环路为正反馈环路；② 若反馈环路中有偶数个负键，则该反馈环路也为正反馈环路；③ 若反馈环路中有奇数个负键，则该反馈环路为负反馈环路。

总之，反馈环路只有正反馈环路和负反馈环路两种，正反馈环路会产生自我强化作用，负反馈环路会产生自我调节作用。

① 一阶正反馈环路。正反馈环路具有自我强化作用。例如，人口与年出生数的关系，如果年出生数增加，那么人口也会增加；如果人口增加，那么年出生数也会增加。因此，在年出生数与人口之间形成了正反馈环路，如图 6-14 所示。在这个正反馈环路中包含一个积累变量，即人口。由前面的概念可知，反馈环路中的一个积累变量对应于一个一阶微分方程，我们把反馈环路中的积累变量的个数称为反馈环路的"阶"。因此，图 6-14 给出的正反馈环路称为一阶正反馈环路。

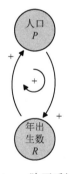

图 6-14　一阶正反馈环路

② 一阶负反馈环路。负反馈环路具有自我调节作用。例如，对于库存系统，假设只有入库量而没有出库量，而且订货过程与入库过程都没有时间延迟，也就是说，只要决定订货，货物就可以立即被送到仓库。在这个库存系统中，影响库存量的因素只有订货速度（单位时间的订货量）。订货速度快，库存量增加得快；订货速度慢，库存量增加得慢。因此，订货速度与库存量之间存在着正因果关系。库存量不能无限制地增长，假设有一个最满意的库存量，即目标库存量。目标库存量影响订货速度的快慢，当实际库存量小于目标库存量时，存货差是正值，管理员就要考虑订货。影响订货速度的另一个因

素是调整周期，即在多长时间内将货物进足，这样就构成了一个库存系统反馈环路。如图 6-15 所示，各要素间形成了一个负反馈环路，因为该库存系统只有一个积累变量（库存量），所以是一阶负反馈环路。在这个库存系统中，只要目标库存量与库存量的调整周期确定了，负反馈环路就开始起作用，系统自动调整订货速度而使库存量为管理者所期望的库存量。

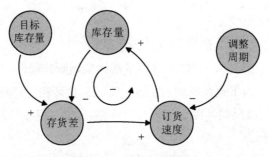

图 6-15　一阶负反馈环路

③ 二阶负反馈环路。在现实系统中，信息（流）在传递过程中总是伴随着延迟。例如，在图 6-15 中，决定订货后货物不可能立即被送到仓库，货物的流动有一阶延迟。因此，在图 6-16 中，在订货量和库存量之间引入了一阶指数延迟，即增加了一个积累变量——订货中的货物量。这样，这个负反馈环路就包含两个积累变量，形成了二阶负反馈环路。

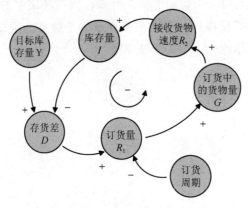

图 6-16　二阶负反馈环路

在这个二阶库存管理系统中，库存量受接收货物速度的控制，库存量信息与期望库存量（目标库存量）比较后，产生存货差，决策者根据存货差确定订货量，在订货量与接收货物速度，即收货量之间有延迟，形成了订货中的货物量，即途中货物量。途中货物量影响收货量。

④ 正、负反馈环路。实际的社会、经济系统一般不会仅由单一的正反馈环路或负反馈环路组成，而会由若干个正、负反馈环路相连而形成。系统本身的行为无所谓正、负。当负反馈环路的自我调节作用强于正反馈环路的自我强化作用时，系统会呈现出趋于稳定的行为。相反，当正反馈环路的自我强化作用强于负反馈环路的自我调节作用

时，系统会呈现出无限增长或衰退的行为。

以物种模型为例，如图 6-17 所示，物种总数与出生速度构成正反馈环路，同时物种总数与死亡速度构成负反馈环路。也就是说，物种总数这个变量同时受出生速度和死亡速度的控制。当出生速度所在的正反馈环路的自我强化作用强于死亡速度所在的负反馈环路的自我调节作用时，物种总数将呈现出无限增长的趋势。反之，物种总数将趋于稳定。

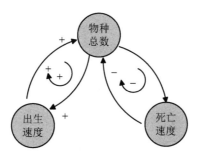

图 6-17　正、负反馈环路作用下的物种模型

因果关系环路法有着不可替代的优势，但也存在一定局限性，主要表现为不能区分系统中不同性质的变量；仅能反映出变量的增加或减少，而不能描述变化的比例；不能描述积累效应的动态变化过程；只能定性描述，还需要进一步量化。

3. 系统动力学流图模型的建立——流图法

流图法是根据因果反馈环路，利用系统动力学特有的描述各种变量及其相互关系的符号绘制系统动力学流图，用来描述系统的方法。

（1）流图。

流图是由系统动力学中各种性质的变量构成的反映状态变量变化的流程图。流图在系统动力学仿真中具有重要的意义，主要表现为以下几点：是为系统动力学量化模型收集数据的依据；是设计系统动态仿真实验的依据；是提供系统动力学量化模型及进行系统仿真的基础；为系统分析提供数学模型蓝图及分析依据。

流图描述系统状态变化的过程可用如图 6-18 所示的简单逻辑来刻画。决策者通过对容器中水位（系统状态）是否达到期望水平的判断，做出对源和汇的操作决策，并指导打开或关闭源和汇的阀门的行动，以实现容器中水位达到期望水平。这样就形成了封闭的反馈控制环路，这也是一个完整的决策过程：若最初容器中的水位高于期望水平，则做出打开汇的阀门的决策并行动，当容器中的水位逐渐降低并接近期望水平时，此信息反馈回来指导决策，需要关闭汇的阀门；若最初容器中的水位低于期望水平，则做出打开源的阀门的决策并行动，当容器中的水位逐渐升高并接近期望水平时，在此信息的反馈作用下，决策者会做出关闭源的阀门的决策并行动。

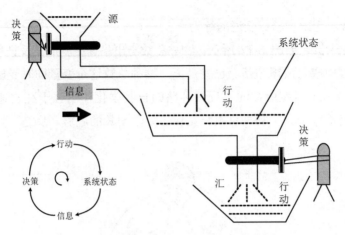

图 6-18　流图描述系统状态变化的过程

从图 6-18 中可以发现，流图揭示了系统主要的两类本质变量：一类是积累变量，对应于积分；另一类是积累变量对应的速度变量，对应于微分。因此，图 6-18 中的控制逻辑可简化为图 6-19（a）。图 6-19 中的源和汇都是抽象概念，前者表示输入状态的一切物质，后者表示输出状态的一切物质。在流图中，两者都用云团来表示，如库存变化与生产和交货相关，两端云团分别表示库存来源与交货去向（系统界线外的部分），如图 6-19（b）所示。与库存来源与交货去向相比，我们更关心的是库存积累的过程变化。

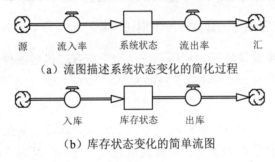

（a）流图描述系统状态变化的简化过程

（b）库存状态变化的简单流图

图 6-19　系统状态变化简单流图

（2）流图变量及符号。

流图需要明确区分系统中不同性质的变量，以便准确描述积累效应的动态变化过程。系统动力学中规定的流图变量主要包括积累变量、流率变量、辅助变量等。

① 积累变量（Stock、Level、State）。积累变量是指流图反馈系统中的积累环节，常称为状态变量、积量、积累量、位、流位、库存、贮存等。系统动力学认为反馈系统包含连续的、类似流体流动的积累过程，故借鉴容器中积存流体的多少（如水位）来表示系统状态的积累变量，如产品库存、现金量、劳动力数量、固定资产、人口，以及生态系统中的动物、植物的种群数量等。积累变量在系统动力学仿真软件中一般用矩形框表示［见图 6-20（a）］，其变化过程如图 6-19（a）所示，左边表示积累变量的流入，右边表示积累变量的流出。积累变量具有积累效应，现值等于原值加上改变量，并且存在量

迅速变化的情况。假定时间间隔为 DT，流入流速为 R_1，流出流速为 R_2，前次的积累变量为 L_0，在 DT 时间内积累增量为 ΔL，则积累变量的表达式为

$$L = L_0 + \Delta L$$

式中，$\Delta L = \mathrm{DT}\left(R_1 - R_2\right)$。

② 流率变量（Rate、Flow）。流率变量是指在系统的活动中表示积累变量变化快慢的变化率变量，常称为流率、流率量、速率等。

流率变量一般表示积累变量单位时间内的变化，总是伴随积累变量交替出现，如物流、资金流、年投资、出生率、死亡率等。流速（Rate）可以描述包括决策者在内的决策机构的决策功能，可控制流入流与流出流的大小，所以又称为决策函数。流率变量的符号一般如图 6-20（b）所示，图 6-19（a）左边的流入率（箭头指向系统状态）表示流入流，右边的流出率（箭头远离系统状态）表示流出流。

③ 辅助变量。辅助变量是指介于积累变量、外生变量与流率变量之间的中间计算变量，如雇用比例、需求、成本、时间周期及多种函数等。辅助变量可简化复杂流率方程的数学或逻辑关系，在量纲不一致时起软连接作用。辅助变量的表示符号一般为圆圈，如图 6-20（c）所示。

④ 常数。在仿真运行期间，某个参数的值如果保持不变，则该参数称为常数。常数可以直接输入给流率变量，或者通过辅助变量输入给流率变量。在 Vensim 软件中，常数的符号为一段实线，并注上名字和意义；在 ithink/STELLA 软件中，常数的符号与辅助变量一致。

⑤ 派生变量。派生变量包括为更好地描述某些过程、活动或便于仿真而专门设计的变量，以及由 ithink/STELLA、Vensim 等仿真软件设计的衍生结构，如队列（Queue）、输送带（Conveyor）等有特殊意义的积累变量。

⑥ 内生变量。内生变量包括积累变量、流率变量、辅助变量及常数等。

⑦ 外生变量。外生变量是指制约着内生变量，但又不受其制约的变量，如时间（Time）可视为特殊的外生变量。系统环境中的变量定是外生变量，并且通常是时间的函数。

⑧ 连接器（Connector）。连接器也通俗地称为箭线［见图 6-20（d）］，表示积累变量、流率变量、辅助变量及常数之间的关系，被连接器连接的两个变量表示两者之间存在着直接的关联或信息的传递，箭头变量受箭尾变量的影响，其变化方程中一定会出现箭尾变量。

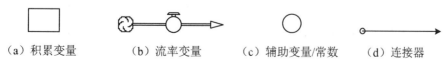

（a）积累变量　　　　（b）流率变量　　　　（c）辅助变量/常数　　　（d）连接器

图 6-20　流图变量的一般表示符号

（3）流图设计。

审视系统并建立系统动力学流图模型是系统动力学建模与仿真的核心内容，大致可分为以下几个步骤。

①基于前期确定的所研究系统的范围及决策的心智模型明确系统边界。

为了研究的方便，在研究系统问题之前，一般会根据研究目的从涉及范围较大的社会、经济、企业等系统中抽取一定范围或边界的分系统或子系统。定义系统边界是系统动力学应用的第一步，在进行流图设计时，需要进一步明晰化系统边界，以保证建立出完整的系统动力学流图模型。系统边界以内的变化因素称为系统的内生变量，系统边界以外的变化因素称为外生变量，我们研究的对象是系统边界以内诸要素，因为系统的行为主要取决于它的内部因素。

②基于因果反馈环路模型设计系统动力学流图模型结构。

设计系统动力学流图模型结构包括两个步骤。第一步，明确和细化模型中的变量及其类型。根据系统动力学内生及白箱的观点，要实现模型的定量仿真，区分系统变量是前提。这一步是基于前述决策的心智模型及因果反馈环路模型来进行的，要明确并区分系统中的状态变量/积累变量、流率变量/速率、辅助变量、常数等所有变量。第二步，基于因果反馈环路模型及对所研究系统运作流程的调研，构造流图中各变量之间的关联，即完成流图中所有相关变量之间的连接器连接。

图 6-21 所示为两个简单的系统动力学流图模型。在图 6-21（a）中，L_1 的输入、输出是在 R_1 控制下的输入流和在 R_2 控制下的输出流，R_1 的子构造是 A_1、N_1、L_1，R_2 的子构造是 A_2、N_2 和 L_1。在图 6-21（b）中，积累变量受流率变量的影响，流率变量的变化受比例常数与积累变量的影响。

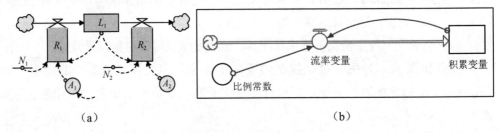

（a）   （b）

图 6-21　两个简单的系统动力学流图模型

③确定系统动力学流图模型结构中的数学或逻辑关系。

根据对所要研究的系统问题的调研，确定各关联变量之间明确的数学或逻辑关系，即定量表达各关联变量之间的关系，一般是数学方程或表函数。以图 6-21（b）为例，state 表示积累变量，proportional_constant 表示比例常数，flow_rate 表示流率变量，其中的数学关系为：

state(t)=state(t-dt)+(flow_rate)*dt

flow_rate=state*proportional_constant

另外，还需要在仿真前设定 state 和 proportional_constant 的初值。

4．系统动力学混合图模型的建立——混合图法

混合图法是指在因果反馈环路模型中，明确区分出积累变量、流率变量、辅助变量等变量，并将其按照系统动力学流图模型的要求表示出来，同时还要完成系统各变量之间的数学或逻辑关系的设定。混合图保留了因果反馈环路模型中的各变量之间的极性，同时综合了系统动力学流图模型的变量区分优势，较清晰地表达出了系统中重要的积累变量及流率变量，以及变量之间的数学或逻辑关系，故能用于进行一目了然的定性分析及定量仿真，有助于清晰、整体地展现和分析系统的运作流程及动态复杂性。图 6-22 所示为 Sterman 的简化库存管理的系统动力学混合图模型。

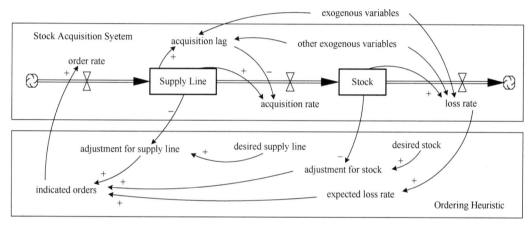

图 6-22　Sterman 的简化库存管理的系统动力学混合图模型

6.5.4　系统动力学仿真平台及其应用

系统动力学仿真软件的出现与发展伴随着系统动力学的诞生与发展。从最初的 DOS 状态下的 DYNAMO 早期版本开始，经历了 30 多年的演化，系统动力学仿真软件逐渐发展为 20 世纪八九十年代的图形可视化界面仿真软件。

20 世纪 50 年代，出现了 DYNAMO 早期版本。DYNAMO 是 Dynamic Model 的缩写，即动力学模型。DYNAMO 语言是由麻省理工学院有关人员专门为系统动力学所设计的计算机语言，是在仿真语言 SIMPLE（Simulation of Industrial Management Problems with Lots of Equation）的基础上设计的。随着时间的推移，DYNAMO 语言得以不断改进。DYNAMO 语言是采用差分方程来描述具有反馈机制的社会系统的宏观动态行为，并通过对差分方程求解进行仿真的一种算法语言。其最大的特点是面向方程、容易使用。即使是不熟悉 C 语言、FORTRAN 语言等算法语言的人，也能很快掌握 DYNAMO 语言的使用方法。此外，它不需要编程者考虑执行顺序，因而程序书写比较简单，并且建立计算机

结果的图表非常容易。

20 世纪 60 年代至 70 年代，出现了用于大型机的 DYNAMOII、DYNAMOII/F。

20 世纪 80 年代，出现了用于小型机的 Mini-DYNAMO，以及用于微型机的 Micro-DYNAMO、DY-NAMOIII、DYNAMOIV。

20 世纪 90 年代以后，出现了图形可视化界面比较友好的仿真软件，如美国的 ithink/STELLA、Vensim、Powersim 等，以及英国的 DYSMAP。

20 世纪 90 年代以后的系统动力学仿真软件，都具有友好的人机界面和灵活的输入、输出形式（允许以图形模式输入），系统动力学流图模型的建立与函数关系的确定都非常方便，使用者可以在软件提供的各层界面中方便地设定所研究系统相关变量的类型、数值，以及变量之间的各种数学、逻辑关系等，不需要去考虑 DYNAMO 语言的语法及编程，因为软件可以自动生成相关的数学方程，这大大简化了系统动力学建模的过程。到目前为止，图形可视化仿真软件已基本取代了过去的 DYNAMO 语言编程，这在一定程度上促进了系统动力学的发展与应用。

1．ithink/STELLA

ithink/STELLA 由美国 i see systems（前身为 High Performance Systems）公司开发，是第一个允许以图形模式输入的仿真软件，提供基本的欧拉法、二阶和四阶龙格-库塔法，具有比较友好的人机界面和灵活的输入、输出形式，适用于多种复杂系统的建模仿真。

（1）ithink/STELLA 建模结构层次。

① 高层结构（High Level）。高层结构是系统结构的整体反映，把系统分为相互关联的若干子系统，保证从整体上把握所研究的系统，主要用于展现与交流模型，可供系统使用者与决策者使用。ithink 建模的高层结构如图 6-23 所示。

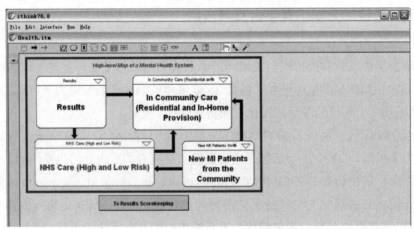

图 6-23　ithink 建模的高层结构

② 图层结构（Graph Level）。图层结构是整个系统模型的核心，构造系统模型的主要空间，决定模型实质与函数层的数据结果，用于建立模型、设计各个子系统，供系统设

计开发者使用。ithink 建模的图层结构如图 6-24 所示。

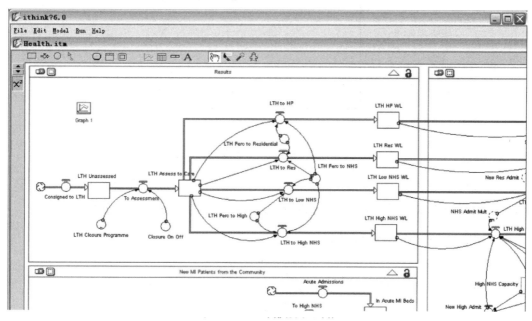

图 6-24 ithink 建模的图层结构

③ 函数层结构（Function Level）。函数层结构是指将图层结构中各变量之间的数学和逻辑关系，用代数方程、各种变化曲线、逻辑函数表示。ithink 建模的函数层结构如图 6-25 所示。

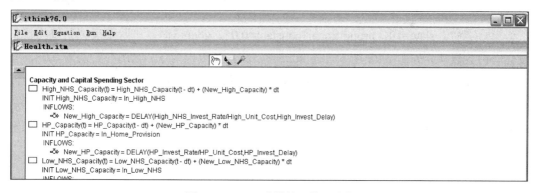

图 6-25 ithink 建模的函数层结构

（2）一阶系统的 ithink/STELLA 建模与仿真。

现实中各种不同的复杂系统是由数量不一的各种不同的简单一阶系统组合而成的。一阶系统一般又分为一阶正反馈系统和一阶负反馈系统，前者的系统动力学流图模型如图 6-21（b）所示。

当给定初值 state=5 和 proportional_constant=0.05 时，一阶正反馈系统的状态变化（指数增长）如图 6-26 所示，很明显，该曲线呈指数增长。

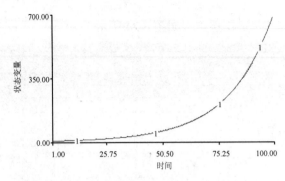

图 6-26　一阶正反馈系统的状态变化（指数增长）

一阶负反馈系统的系统动力学流图模型如图 6-27 所示。goal 表示状态变量目标值，adjustment 表示状态变量与其目标值之间的偏差调整量，模型中的数学关系为：

state(t)=state(t-dt)+flow_rate*dt

flow_rate=proportional_constant*adjustment

adjustment=goal−state

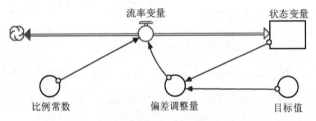

图 6-27　一阶负反馈系统的系统动力学流图模型

当给定初值 state=10，proportional_constant=0.05，goal=5 时，一阶负反馈系统的状态变化（指数衰减）如图 6-28 所示。若 state=5，其目标值也为 5，比例常数设为 0.05，则此时一阶负反馈系统的状态变化（状态变量的初值等于目标值）如图 6-29 所示。由此可以发现，在状态变量的初值和目标值相等的情况下，系统不需要对其进行调整，也就是adjustment=goal−state=0，系统状态变量也就保持不变，所以 state 的曲线是一条数值稳定在 5 的直线。

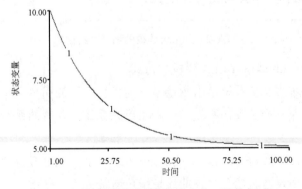

图 6-28　一阶负反馈系统的状态变化（指数衰减）

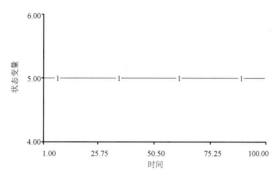

图 6-29　一阶负反馈系统的状态变化（状态变量的初值等于目标值）

（3）简单库存控制的 ithink/STELLA 建模与仿真。

库存是指以支持生产、维护、操作和客户服务为目的而储备的各种物料，包括原材料和在制品、维修件和生产易耗品、成品和备件等。库存控制是企业物料管理的核心，是指企业为了生产、销售等经营管理需要而对计划存储和流通的有关物料进行相应的管理，如对存储的物料进行接收、保管、发放、转移等一系列的管理与控制活动。

库存控制一般分为独立需求物料的库存控制和相关需求物料的库存控制。相关需求物料主要涉及相关生产计划和物料需求计划。本节主要研究独立需求物料的库存控制。独立需求物料是指该物料的需求不是其他任何物料需求的函数，也就是说，其需求与其他任何物料的需求无关。独立需求物料的需求量是根据市场预测或客户订单直接得到的。独立需求物料一般通过确定订货点、订货批量和订货周期等因素来实现对库存的控制，其控制模式一般有定量库存控制模式和定期库存控制模式两种。

① 定量库存控制模式。

定量库存控制模式和订货点方法类似，也就是当库存水平下降到预先确定的某个库存数量值（订货点）时，发出订单进行补货。在定量库存控制模式下，为了能做到准确控制，必须连续不断地检查物料的库存水平。该模式的核心问题是必须确定订货点和订货批量这两个参数。其中，订货点是根据历史的平均需求率、采购提前期和安全库存来确定的，即

$$订货点 = 平均需求率 × 采购提前期 + 安全库存 \tag{6-10}$$

订货批量一般是根据经济订货批量法则来确定的。经济订货批量法则要求总费用（包括库存费用和采购费用）最低。一般情况下，库存费用随着库存的增加而增加，而采购费用却随着采购批量的增加而相对减少，但采购批量增加的同时库存水平也会上升。为了解决总成本与库存水平之间的矛盾，必须找到一个合理的订货批量［见式（6-11）］，使得库存费用与采购费用之和最低，光靠一味地减少库存或增加订货批量难以奏效。

$$经济订货批量 = \sqrt{\frac{2 × 单位订货费用 × 库存物料的月（年）需求}{单位库存保管费用}} \tag{6-11}$$

式中，单位订货费用（Unit Ordering Cost）——一次订货每件物料的采购费用；

单位库存保管费用（Unit Carrying Cost）——每件物料平均每单位时间（月或年）的保管费用；

库存物料的月（年）需求——某种物料每月（或每年）的需求量。

假设每次的订货批量不变，采购提前期固定，物料的消耗也是稳定的，那么在此条件下，定量库存控制模式的系统动力学流图模型如图 6-30 所示。

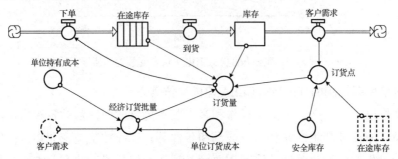

图 6-30　定量库存控制模式的系统动力学流图模型

模型中的数学关系主要有：

inventory(t) = inventory(t-dt) + (delivering - customer_requirements) * dt

inventory(t0) = 15（单位产品）

customer_requirements = 2（单位产品/单位时间）

on_order(t) = on_order(t-dt) + (ordering - delivering) * dt

on_order(t0) = 0

TRANSITTIME = 5（单位时间）（相当于采购提前期）

order_lot = QRT[2 * unit_ordering_cost * (30 * customer_requirements)/unit_carrying_cost)]

safety_inventory = 2（单位产品）

unit_carrying_cost = 2（元/单位产品/月）

unit_ordering_cost = 5（元/次）

order_point = customer_requirements * TRANSTIME(on_order) + safety_inventoryorder_quantity = IF(inventory + on_order < order_point) THEN order_lot ELSE 0

ordering = PULSE(order_quantity)

定量库存控制模式的运行结果如图 6-31 所示（其中的单位时间为天，库存控制按月计算，产品单位可以是件、台等）。图 6-31 中的曲线 1、2 分别是库存（inventory）和订货点（order_point）的变化曲线。由此可以看出，当库存降低到订货点（模型中为 12 单位产品）时，即向供应商下订单（由经济订货批量法则可得模型中的批量为17单位产品/批次），经过交货提前期（模型中为 5 天）后，也就是库存降到安全库存（模型中为 2 单位产品）时，采购物料到货入库，此时库存有一个跳跃，从 2 件跳跃为 19 件。图 6-31 表明，图 6-30 给出的系统动力学流图模型能较好地模拟定量库存控制模式的动态变化行为。

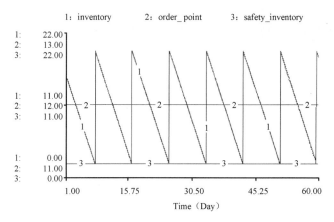

1: inventory   2: order_point   3: safety_inventory

图 6-31   定量库存控制模式的运行结果

② 定期库存控制模式。

定期库存控制模式是指按照一定的周期（T）检查库存，当发现某个物料的当前库存（I）低于规定的最大库存水平（S）时，开始补货，订货量为 $Q = S - I + M$（M 为订货提前期消耗的库存）。与定量库存控制模式相比，定期库存控制模式不存在固定的订货点，也没有固定的订货量，但还需要设立安全库存。因此，定期库存控制模式的核心问题是确定订货周期和库存补充量。其中，订货周期是按照经济订货周期（Economic Order Interval，EOI）法则来确定的，即

$$经济订货周期 = \sqrt{\frac{2 \times 单位订货费用}{库存物料的月（年）需求 \times 单位库存保管费用}} \qquad (6\text{-}12)$$

式中，单位订货费用——一次订货每件物料的采购费用；

        单位库存保管费用——每件物料平均每月（或每年）的保管费用；

        库存物料的月（年）需求——某种物料每月（或每年）的需求量。

库存补充量（订货量）根据当前库存、最大库存（或规定库存）和采购提前期来确定，即

$$订货量 = 最大库存 - 当前库存 + (采购提前期 \times 物料的月（年）需求/月或年) \qquad (6\text{-}13)$$

式中，最大库存由订货周期、物料的月（年）需求和安全库存来确定，即

$$最大库存 = 物料的月（年）需求 \times 订货周期 + 安全库存 \qquad (6\text{-}14)$$

最后得到定期库存控制模式的系统动力学流图模型，如图 6-32 所示。该模型中的物料同样是以月为单位进行控制的（单位时间为天）。

模型中的数学关系主要有：

inventory(t) = inventory(t-dt) + (delivering - costomer_requirements) * dt

inventory(t0) = 10（单位产品）

costomer_requirements = 2（单位产品/天）

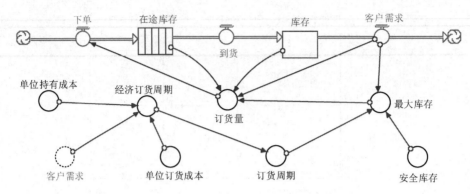

图 6-32　定期库存控制模式系统动力学流图模型

on_order(t) = on_order(t-dt) + (ordering - delivering) * dt

on_order(t0) = 0

TRANSITTIME = 3（天）（采购提前期）

safety_inventory = 2（单位产品）

unit_carrying_cost = 2（元/单位产品/月）

unit_ordering_cost = 5（元/次）

EOI = SQRT[2 * unit_ordering_cost/((30 * costomer_requirements) * unit_carrying_cost)]

max_inventory = (costomer_requirements * 30/order_interval) + safety_inventory

order_interval = INT(EOI * 30)

order_quantity = IF((inventory + on_order) < max_inventory) THEN (max_inventory – inventory + TRANSTIME(on_order) * costomer_requirements) ELSE 0

ordering = PULSE(order_quantity)

定期库存控制模式的运行结果如图 6-33 所示。其中的曲线 1、2、3 分别表示库存（inventory）、订货周期（order_interval）和最大库存（max_inventory）的变化。由此可以看出，当按周期检查到某物料库存比规定库存（最大库存）少时，便考虑向供应商下订单，经过交货提前期后，也就是库存降到安全库存时，采购物料到货入库，此时库存有一个跳跃，从安全库存量跳跃为最大库存。

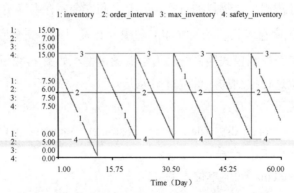

图 6-33　定期库存控制模式的运行结果

2. Vensim

Vensim 是由美国 Ventana Systems 公司开发的基于模型的系统动力学仿真软件。Vensim 采用一种工具箱的方法来处理模型与数据,图形化的操作界面可以使用户从程序中解放出来,DYNAMO语言中所有的方程、命令等均可以通过相应的工具栏来使用,操作非常方便。Vensim 5.4 的操作界面如图 6-34 所示。

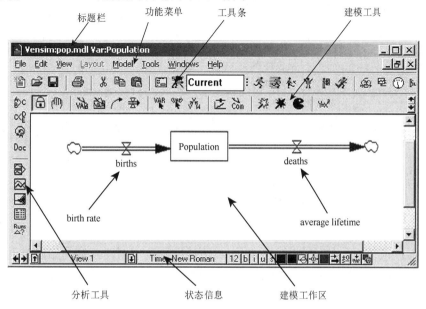

图 6-34　Vensim 5.4 的操作界面

企业成长模型(the Corporate Growth Model)模拟了一个简单的有限资源条件下的企业成长过程,它由福雷斯特教授提出,最早出现在 1968 年出版的《系统原理》一书中。这个模型反映了生产(库存)限制销售增长的过程,它最早是通过 DYNAMO 语言编程来实现建模与仿真的。下面介绍该模型的 Vensim 建立与仿真,涵盖从因果反馈环路模型到系统动力学流图模型设计,再到仿真及策略分析、设计的全过程。

(1)因果反馈环路模型的 Vensim 建立。

企业中最重要的两件事情莫过于生产与销售,在供不应求的市场状态下,企业生产取决于企业交货的时间和效率,而交货则取决于销售状况,如销售人员数量、销售人员工资、调整销售人员所需时间等,这些变量之间的相互作用构成一个复杂的因果反馈环路模型。企业成长模型的因果关系图如图 6-35 所示。

在图 6-35 中,可以看到两个互相耦合的反馈环路。

① 负反馈环路。

生产速率 OE→存货 BL→交货延迟 DDI→确认的交货延迟期 DDR→允许的延迟时间影响率 EDDR→销售效率 SE→预计每月销售量 OB→生产速率 OE。

② 正反馈环路。

销售人员 SF→预计每月销售量 OB→销售费用预算 Budget→可以雇用的销售人员

ISF→雇用速率 NH→销售人员 SF。

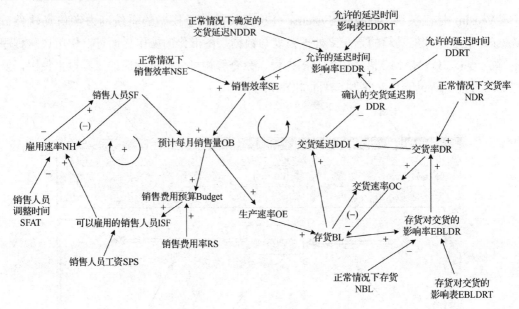

图 6-35　企业成长模型的因果关系图

由于正反馈使系统的输出呈现指数增长的特性，负反馈使系统的输出呈现出衰减的特性，两个反馈环路的耦合点为预计每月销售量 OB，这使企业成长模型成为耦合的非线性反馈系统。

系统动力学流图（混合图）模型的 Vensim 建立。

根据如图 6-35 所示的因果关系，可以设计出企业成长模型的流图（混合图），如图 6-36 所示。

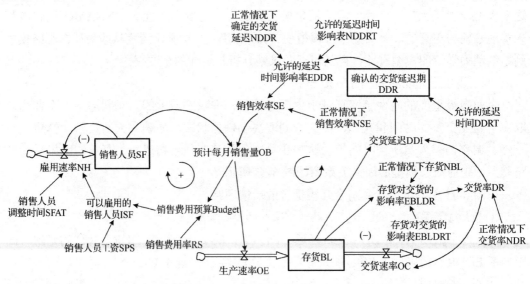

图 6-36　企业成长模型的流图（混合图）

企业成长模型中各变量之间的数学、逻辑关系如下。

①可以雇用的销售人员 ISF = 销售费用预算 Budget/销售人员工资 SPS。

②存货对交货的影响率 EBLDR = 存货对交货的影响表 EBLDRT(存货 BL/正常情况下存货 NBL)。

这个公式表明，存货对交货的影响率取决于实际库存量与可接受库存量的比值，也就是说，实际的存货与正常情况下存货的比值越大，存货对交货的影响率越大，这符合人们的心理，因为当库存多时，人们总希望能够尽快地将货运走。但它们之间并不是一种线性的关系，因为当库存很多时，由于受运输能力等交货条件的限制，企业已没有潜力再增加交货量了，即存货对交货的影响率变化趋缓。根据这一思想设计表函数关系，即存货对交货的影响表 EBLDRT：

[(0.8, 0)～(20, 8)]，(0.9, 0)，(1, 1)，(1.7, 3.5)，(2.3, 4.3)，(3.5, 5)，(6.3, 5.6)，(10, 6)，(20, 6.5)

③预计每月销售量 OB = 销售人员 SF × 销售效率 SE。

④存货 BL = INTEG(生产速率 OE − 交货速率 OC，8000)（初始值为 8000 件）。

⑤交货速率 OC = 交货率 DR。

⑥生产速率 OE = 预计每月销售量 OB（以销定产）。

⑦雇用速率 NH =(可以雇用的销售人员 ISF − 销售人员 SF)/销售人员调整时间 SFAT。

⑧交货率 DR = 正常情况下交货率 NDR × 存货对交货的影响率 EBLDR。

⑨交货延迟 DDI = 存货 BL/交货率 DR。

⑩确认的交货延迟期 DDR = INTEG((交货延迟 DDI−确认的交货延迟期 DDR)/允许的延迟时间 DDRT，2)（初始值为 2 个月）。

⑪销售效率 SE = 正常情况下销售效率 NSE × 允许的延迟时间影响率 EDDR。

⑫销售人员 SF = INTEG(雇用速率 NH，10)（初始值为 10 个人）。

⑬销售费用预算 Budget = 预计每月销售量 OB × 销售费用率 RS。

⑭允许的延迟时间影响率 EDDR = 允许的延迟时间影响表 EDDRT(确认的交货延迟期 DDR/正常情况下确定的交货延迟 NDDR)。

这个公式说明允许的延迟时间影响率取决于确认的交货延迟期与正常情况下确定的交货延迟的比值。由于允许的延迟时间影响率直接影响销售效率（见函数式 ⑪），因此确认的交货延迟期越长，对销售效率的影响越大，反映到函数式 ⑪上，就是一个较小的权重值。根据这一思想设计表函数关系，即允许的延迟时间影响表 EDDRT：[(0, 0)～(3, 2)]，(0, 1.15)，(0.5, 1.1)，(1, 1)，(1.5, 0.75)，(2, 0.5)，(2.5, 0.35)，(3, 0.3)。

以下是模型中的常量，也就是企业可以控制的因素。

⑮销售人员调整时间 SFAT = 20 个月。

⑯销售人员工资 SPS = 2000 元/人·月。

⑰销售费用率 RS = 10 元/件（每件产品销售收入中有 10 元用于销售费用）。

⑱允许的延迟时间 DDRT = 5 个月。

⑲ 正常情况下存货 NBL = 8000 件。

⑳ 正常情况下交货率 NDR = 4000 件/月。

㉑ 正常情况下确定的交货延迟 NDDR = 2 个月。

㉒ 正常情况下销售效率 NSE = 350 件/人·月。

㉓ 系统模拟时间为 100 个月。

因为 Vensim 可以根据系统动力学流图模型自动生成模型的数学房产，所以这里不给出模型的 DYNAMO 方程。

（2）Vensim 中的仿真运行结果。

企业成长模型在 Vensim PLE32 中的仿真运行结果如图 6-37 所示（将相应的 DYNAMO 方程在 DYNAMO 中运行，结果完全相同）。

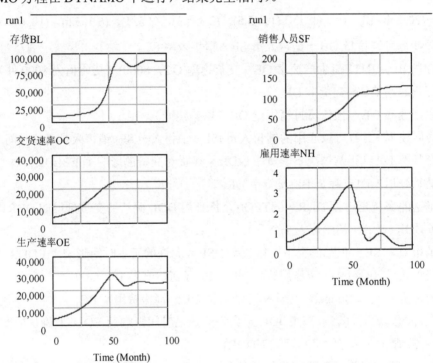

图 6-37　企业成长模型在 Vensim PLE32 中的仿真运行结果

由输出结果可以看出，在前述各参数下，系统的输出呈指数增长-衰减振荡的规律，在第 50 个月以前，系统的输出主要呈指数增长，这是由于在开始时系统中的正反馈环路起主要作用。在大约 50 个月以后，系统的输出以衰减振荡为主，这是由于系统中负反馈环路起主要作用。

为了验证这一结论，在其他条件不变的情况下，我们将销售费用率增加到 12 元/件，仿真运行结果如图 6-38 中的 run2 曲线所示，将交货延迟乘以一个系数 1.2（用以增加负反馈的强度），仿真运行结果如图 6-38 中的 run3 曲线所示。run1 曲线为没有改变情况下的输出曲线。

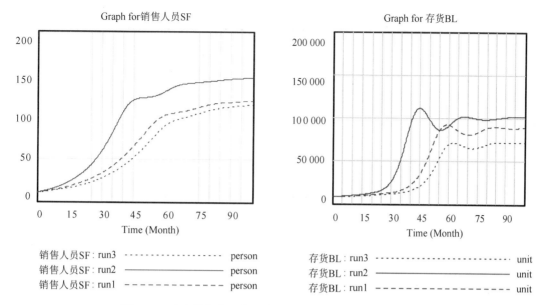

图 6-38　改变销售费用率和交货延迟参数后的仿真运行结果

（3）情景分析及策略设计/选择。

系统动力学作为系统科学与管理科学的分支，在发展初期主要用于工业管理。随着系统动力学理论与方法的不断深化，它已经成为社会、经济、生态复杂大系统的"实验室"。根据系统动力学建立的模型为人们提供了一种新的辅助决策的工具。

在上述企业成长模型中，假设管理者有三种方案，需要从中选出一种方案，使得系统的库存能够尽快地达到稳态并使库存的波动较小。

方案一（run1）：销售人员的工资定在 2000 元/人·月，销售效率为 350 件/月，销售人员调整时间为 20 个月。

方案二（run2）：将销售人员的工资提高到 2500 元/人·月，销售效率提高到 380 件/月，销售人员调整时间为 20 个月。

方案三（run3）：将销售人员的工资提高到 2500 元/人·月，销售效率提高到 380 件/月，销售人员调整时间为 12 个月。

在以上方案中，假设销售效率和销售人员调整时间是企业可控的因素（可以通过提高广告宣传力度来提高销售效率，可以通过增加培训时间来减少销售人员调整时间）。

将各方案分别用模型进行模拟，得到的结果如图 6-39 所示。

由模拟结果不难看出，三种方案在第 85 个月左右均可以达到稳态。但是，方案一的峰值出现在第 60 个月，方案二的峰值出现在第 75 个月，方案三的峰值出现在第 50 个月，在峰值之后，逐步衰减振荡，最后达到稳态。但是，方案二衰减振荡的幅度最小，而方案三衰减振荡的幅度最大。比较各方案的稳态值，方案二的最小，其次是方案三，方案一的最大。

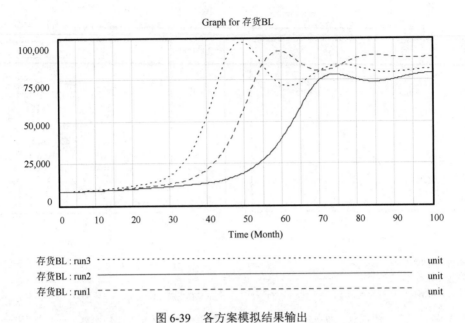

Graph for 存货BL

存货BL : run3	unit
存货BL : run2 —————	unit
存货BL : run1 — — — —	unit

图 6-39　各方案模拟结果输出

从减小库存波动的角度出发，可以看出方案二要优于方案一和方案三。

案例分析

户用光伏发展演化的模型测试与仿真试验

1. 参数赋值

考虑到补贴退坡趋势的持续时间不可能太长，且 2019 年全年统计数据在本书成稿前尚未公布，因此以截至 2018 年年底的户用光伏装机数据为基准点，仿真时长范围设定为 10 年，模型参数的初值根据实际调研、相关文献、历史数据及测算而设定：户用光伏补贴初值根据发改价格〔2019〕761 号文设定为 0.18 元/（kW·h），上网电量回购电价即脱硫煤标杆上网电价，居民零售电价为全国平均电价 0.518 元/（kW·h）；户用光伏累计装机量的初值采用截至 2018 年年底的 6.2GW；户用光伏单位装机年发电量根据 2018 年全国光伏发电量和户用光伏装机量占户用光伏累计装机量的比例计算得出，为 1020kW·h/kW；根据当前实际情况，户用光伏装机成本初值取 6500 元/kW，运维成本一般约占光伏装机成本的 3%，户用光伏并网成本占项目总成本的比重小于单个项目装机规模较大的工商业分布式光伏，设为 5%；光伏装机成本降低的学习率为 10%~20%，模型中学习率初值设为 15%；根据我国户用光伏的实际情况，选择全额上网模式的用户较少，其比例设为 20%，则选择自发自用模式用户的比例为 80%，其中用户的自用比例设为 60%；综合考虑当前我国光伏发电及其他投资理财的收益情况，户用光伏用户的期望投资回报率设为 10%。户用分布式光伏发展系统动力学模型仿真参数的初值如表 6-10 所示。

表 6-10　户用分布式光伏发展系统动力学模型仿真参数的初值

变量参数	初　　值	变量参数	初　　值
户用光伏补贴	0.18 元/（kW·h）	并网成本占比	5%
上网电量回购电价	0.371 元/（kW·h）	运维成本占比	3%
居民零售电价	0.518 元/（kW·h）	光伏装机成本降低的学习率	15%
户用光伏累计装机量	6.2GW	选择全额上网模式用户的比例	20%
户用光伏单位装机年发电量	1020kW·h/kW	选择自发自用模式用户的自用比例	60%
户用光伏装机成本	6500 元/kW	户用光伏用户的期望投资回报率	10%

2．模型测试

根据发改价格〔2016〕2729 号文，户用光伏"全额上网"模式电价补贴下调了至少 0.13 元/（kW·h），在一定程度上引发了"630"抢装，使得 2017 年光伏装机量大幅增加，户用光伏累计装机量由 1GW 猛增至 4GW。因此，利用 2017 年年底户用光伏累计装机量来测试模型的可信度。2018 年户用光伏电价补贴又有两次调整："全额上网"模式分别下调了 0.1 元/（kW·h）、0.05 元/（kW·h）；"自发自用"模式两次都下调了 0.05 元/（kW·h）。鉴于我国户用光伏装机更多地集中于 Ⅱ、Ⅲ类资源地区，故其"全额上网"模式采用 Ⅱ类资源地区的上网电价，由此考虑三种测试情景：(0.75,0.42)、(0.65,0.37) 和 (0.60,0.32)。测试结果显示，三种情景下截至 2018 年、2019 年年底的户用光伏累计装机量分别为 6.42GW、6.27GW、6.14GW 和 13.58GW、12.46GW、11.59GW。而截至 2018 年年底的户用光伏累计装机量的历史数据为 6.2GW；截至 2019 年 11 月国家能源局还未发布 2019 年新增户用光伏装机数据，但根据 2019 年前三季度新增户用光伏装机量为 4.28GW，2019 年前三季度的户用光伏累计装机量为 10.48GW，可推算出截至 2019 年年底的户用光伏累计装机量约为 12GW。再结合政策调整效果的延迟可知，测试数据和历史数据的误差在可接受范围之内，说明模型是可信的。

3．仿真试验

为探寻户用光伏与补贴成本协调发展的优化策略，考虑不同的 FIT 补贴退坡幅度、选择不同并网模式用户的比例、选择自发自用模式用户的自用比例、光伏装机成本降低的学习率等设计了 18 种组合情景（见表 6-11），模拟未来 10 年户用光伏累计装机量和新增装机 FIT 补贴的变化情况，仿真结果如图 6-40、图 6-41 所示。

表 6-11　FIT 补贴退坡趋势下的组合情景设计

情　　景		学　习　率	FIT 补贴/（元/(kW·h)）	选择全额上网模式用户的比例	选择自发自用模式用户的自用比例
A	A1	10%	0.18	50%	50%
	A2	10%	0.15	50%	50%
	A3	10%	0.15	10%	50%
	A4	10%	0.1	10%	50%
	A5	10%	0.1	10%	80%
	A6	10%	0.05	10%	80%

情 景		学 习 率	FIT 补贴/（元/(kW·h)）	选择全额上网模式用户的比例	选择自发自用模式用户的自用比例
B	B1	15%	0.18	50%	50%
	B2	15%	0.15	50%	50%
	B3	15%	0.15	10%	50%
	B4	15%	0.1	10%	50%
	B5	15%	0.1	10%	80%
	B6	15%	0.05	10%	80%
C	C1	20%	0.18	50%	50%
	C2	20%	0.15	50%	50%
	C3	20%	0.15	10%	50%
	C4	20%	0.1	10%	50%
	C5	20%	0.05	10%	80%
	C6	20%	0	10%	80%

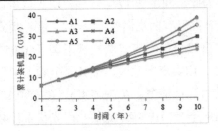

（a）学习率为 10%条件下户用光伏
累计装机量变化

（b）学习率为 15%条件下户用光伏
累计装机量变化

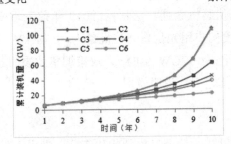

（c）学习率为 20%条件下户用光伏累计装机量变化

图 6-40　不同组合情景下户用光伏累计装机量的变化情况

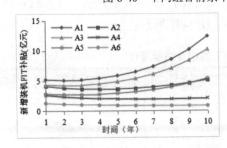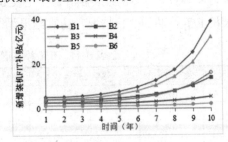

（a）学习率为 10%条件下新增装机 FIT 补贴变化　（b）学习率为 15%条件下新增装机 FIT 补贴变化

图 6-41　不同组合情景下户用光伏新增装机 FIT 补贴的变化情况

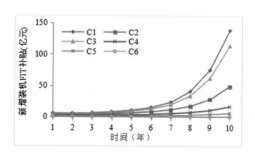

（c）学习率为 20%条件下新增装机 FIT 补贴变化

图 6-41　不同组合情景下户用光伏新增装机 FIT 补贴的变化情况（续）

思考题：

1．简述系统动力学的概念。

2．系统动力学仿真的基本步骤有哪些？

3．系统动力学仿真模型的主要组成部分有哪些？

4．系统动力学的主要思想是什么？

5．改变如图 6-32 所示的定期库存控制模式系统动力学流图模型或流图中的相关数学关系或相关变量的数值，使得如图 6-33 所示的定期库存控制模式的运行结果变为如图 6-42 所示的曲线。

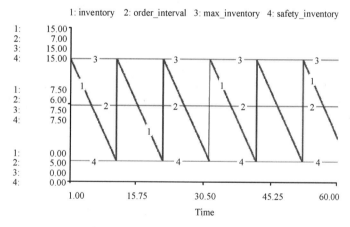

图 6-42　定期库存控制模式调整后的运行结果示意图

6．与 DYNAMO 语言相比，采用 ithink/STELLA、Vensim 等图形可视化仿真软件进行系统动力学仿真有哪些优点？

第 7 章　系统结构建模与仿真

本 章 提 要

　　本章主要介绍系统结构建模与仿真。通过本章的学习，读者应掌握系统结构的概念、系统结构的表述及系统结构建模方法。

国防科技工业企业创新能力的影响因素分析

科技进步与科技创新日益成为增强国家综合实力的主要途径和方式。国家战略性的国防科技工业，是武器装备研制生产的物质和技术基础，是先进制造业的主要组成部分，是国家科技创新体系的重要组成力量。分析国防科技工业企业创新能力的影响因素，对增强国防战略产业的原始创新能力和重点领域的集成创新能力具有重要的理论意义与现实意义。

国防科技工业企业创新能力的影响因素既与一般工业企业创新能力的影响因素存在共性，也有自己的特性。其共性体现在创新能力的影响因素分布在创新的投入、产出和创新过程三方面，其特性体现在国防科技工业企业肩负着国家安全的重担，国防科技工业企业创新所创造的效益不能仅用经济效益进行衡量，还要用国家安全效益衡量。如何依据国防科技工业企业的特点构建技术创新能力影响因素体系？如何针对国防科技工业企业自身特点分析其创新能力的影响因素，并依据分析结果对国防科技工业企业创新能力建设提出相应的建议？这一系列问题的解决依赖于系统结构研究。系统结构模型是从系统的概念模型过渡到定量分析的中介，是复杂大系统分解与连接的有力工具，在对社会、经济这类"软系统"进行分析时，其重要作用更是不言而喻的。

7.1 系统结构

7.1.1 系统结构的概念

谓系统结构，是指组成系统的各要素（子系统）在数量上的比例和在时间或空间上的联系方式，即系统内诸要素相互依赖、相互作用的内在方式，也就是各要素在时间或空间上排列和组合的具体形式。

一切系统均有结构，结构是系统的普遍属性。没有无结构的系统，也没有离开系统的结构。无论是宏观世界还是微观世界，一切物质系统都以一定的结构形式存在、运动和变化着。

系统结构具有不同的形式，其基本形式有数量结构、时序结构、空间结构和逻辑结构。另外，还可以把系统结构划分为平衡结构与非平衡结构、有序结构与非有序结构等形式。各要素之间的联系排列方式保持相对不变的系统结构称为平衡结构，如晶体结构。这种系统结构中的各要素有固定位置，其结构稳定性非常明显。各要素对环境经常保持着一定的活动性，必须与环境不断进行物质、能量、信息交换才能保持有序性的系统结构称为非平衡结构。这种系统结构本质上是一种动态结构。有序结构与非有序结构的划分主要是以系统内有无固定的秩序为标志的。

7.1.2 系统结构的基本特点

结构是系统要素内在有机联系的具体形式，通常具有以下几个特点。

1. 系统结构的稳定性

只有在系统中各要素之间稳定联系的情况下，才会构成系统结构。系统之所以能够保持有序性，是因为系统各要素之间有着稳定的联系。稳定是指系统整体状态能持续出现，这种持续出现可以是静态的，也可以是动态的。系统受到外界环境的干扰，有可能偏离某一状态而产生不稳定状态，而一旦干扰消除，系统又可恢复原来状态，继续保持稳定，系统总是趋于保持某一状态。

2. 系统结构的层次性

系统结构的层次性包括两方面的含义，即等级性和多侧面性。等级性是指任何一个复杂系统都可以从纵向上分为若干等级，即存在着不同等级的系统结构层次关系，其中低一级系统结构是高一级系统结构的有机组成部分。例如，从公司到厂房、车间、工段、班组、岗位等就是不同等级的系统结构。多侧面性是指任何一个复杂系统都可以从横向上分为若干互相联系而又各自独立的平行部分。例如，公司经营活动的组织形式又可分为研发中心、销售中心、制造中心、物流中心、投资中心等。

系统结构的层次性反映了系统中各要素在构成上的等级和次序，也反映了各要素构成系统过程中存在的质变。通常，系统结构的层次划分结果随着研究系统的目的不同而不同。但是所有的系统结构层次都满足下层元素对上层元素是服从和支撑关系，而上层元素对下层元素是控制关系。

针对实体系统而言，系统由部分构成，部分由子系统构成，子系统由配件构成，等等。系统的层次如表 7-1 所示。

表 7-1　系统的层次

层　次	描　述
系统（System）	有特定目标的部分集成体，如"神舟"系列载人飞船
部分（Segment）	系统的主要构成部分，如航天员系统、飞船应用系统、运载火箭系统、发射场系统、载人飞船系统、测控通信系统和着陆场系统等
子系统（Subsystem）	部分中可实现独立功能的配件集成体，如运载火箭系统有箭体结构、控制系统、动力装置、故障检测处理系统、逃逸系统、遥测系统、外测安全系统、推进剂利用系统、附加系统、地面设备等子系统
配件（Assembly）	由子配件构成，并且它构成了子系统，如构成逃逸系统的 5 种固体发动机及整流罩的上半部分等
子配件（Subassembly）	组分的集成体，它构成了配件，如构成高空逃逸发动机的若干子配件
组分（Component）	由零件组成
零件（Part）	系统底层可识别的主体

3. 系统结构的相对性

系统结构的层次性决定了系统结构的相对性。在系统结构的无限层次中，高一级系统结构的要素包含低一级系统结构，复杂大系统结构的要素又是一个简单的系统结构。因此，系统结构与要素是相对于系统的层次而言的。

树立系统结构具有相对性这个观点可以使人们在认识事物时避免简单化和绝对化。既要注意到把一个子系统当作大系统结构的一个要素来对待，以求得统一和协调，又要注意到一个子系统不仅是大系统结构的一个要素，它本身还包含着复杂的结构，应予以区别对待。一般说来，高一级系统结构对低一级系统结构有着较大的制约性，而低一级系统结构又是高一级系统结构的基础，反作用于高一级系统结构，它们之间具有辩证的关系。

4. 系统结构的开放性

系统可以分为开放系统和封闭系统，但任何系统结构都不会是绝对封闭和绝对静态的，任何系统总是存在于环境中，总要与外界环境进行能量、物质、信息的交换，系统结构在这种交换过程中总是不断变化的，由量变到质变，这就是系统结构的开放性。任何系统结构在本质上都是开放的，总是处于不断变化的过程中，坚持系统结构的开放性观点是分析事物的科学态度。

7.1.3　整体与结构的关系

整体与结构的关系是系统关系的基本内容。搞清这一关系不但有助于我们深入揭示系统的整体特征及其发展变化的根源，而且有利于我们根据系统整体的不同需要规划、设计各种人造系统的内部结构，实现系统结构的最优化。整体与结构的关系表现为以下四方面。

1．结构是整体存在的基础

任何系统都作为一个整体而存在，并且其整体功能大于部分功能之和的关键是结构在起作用。结构紧凑而合理，系统整体性就强，结构松散而不合理，系统整体性就差，结构一旦解体，整体也就不存在了。在系统中，由于结构联系为相互结合的各要素提供了新的活动条件，弥补了原来各要素在孤立状态时的缺陷，因此形成了新的属性和功能。

2．结构的变化将导致整体性能的变化

有四种情况将导致整体性能的变化：构成整体的要素不变，其空间关系发生变化；构成整体的要素不变，其时间次序发生变化；构成整体的要素之间的数量比例关系发生变化；构成整体的要素之间的相互协调程度发生变化。

3．结构是整体与部分相互联系、相互作用的纽带

整体只有通过结构才能控制部分、支配部分，而部分只有处在一定的结构中才能反作用于整体。

4．结构受整体的制约

结构是整体存在和发展的基础，同时又受整体的制约。任何结构都是一定整体的结构，结构随整体性能的变化而变化。任何结构都是为适应整体变化需要而诞生的，当一个结构不能满足这种需要时，它就要被新的结构取代。

7.2　系统结构的表述

要分析系统结构，必须先弄清楚系统中含有哪些要素，以及这些要素之间存在怎样的相互影响和相互制约关系。

7.2.1　系统要素的选择及其关系的确定

目前还没有哪种定量的方法能够自动识别系统要素，并判定系统要素的构成。因此，系统要素的选择主要通过系统分析人员的分析完成。系统要素的选择及其关系的确

定主要有以下几个步骤。

1．挑选系统分析人员

系统分析人员的数量以 10 人左右为宜，所选成员应对所选问题持关心态度，应保证持有不同观点的人入选。

2．设定问题

由于所选成员掌握的情况、分析的目的都是散乱的，并且其各自站在不同立场上，因此为了使研究工作很好地开展，必须预先使用 KJ 法、5W1H 分析法等方法明确设定所研究的问题。

3．选择构成问题的要素

NGT（Nominal Group Technique，名义群体法）能把个人的想法与小组的集体创造性思考很好地结合在一起，它主要有以下几个操作程序。

（1）选择对问题比较熟悉的人员，组成 7～8 人的小组，选出一名领导、一名记录员。领导应熟悉所研究的问题，对过程起着组织作用，并且具有高度概括的能力。

（2）进行问题的设定。一定要使每个成员都非常清楚地了解所研究的问题。

（3）对提出的问题，每个成员要把各自想到的事情写在纸上，一般时间限制在 15min 左右。

（4）每个成员要谈谈自己的想法，记录员要把这些想法用全体成员都能看到的大字写在一张纸（或黑板）上，或者通过计算机投影到屏幕上。

（5）全体成员边看边讨论、修改，同时把意义、内容相似的方案（要素）归纳为一个。

（6）各成员为修正了的各方案确定顺序，这就是 NGT 的结论。

用这种方法不仅能在较短时间内得到很多方案，而且能使小组成员保持积极参与计划的状态，要素项目以 10～30 个为宜，过多或过少会使模型的理解产生困难。

4．确定要素之间的关系

确定要素之间的关系，在结构模型的构建过程中最为重要。开始必须明确"关系"的含义（因果关系、优先关系、包含关系、影响程度、重要程度等）。最好靠直觉进行判断，这样得出的是要素间的直接关系，若又分析又讨论，则得出的关系中会包含间接关系。如果最终意见难以统一，那么可构建两种或两种以上结构模型。

从结构模型的整个构建过程中，我们可以了解到构建结构模型是从设定问题开始的。当系统的研究对象确定后，参与建模的人员根据对系统及其组成部分的了解和调查，在意识中已经形成一些不完整的有关系统结构的知识。也就是说，对于系统各元素或子系统 $s_1, s_2, \cdots, s_n$ 之间的相互关系有了相当程度的掌握，能够回答所有或大部分" s_i "

是否可达"s_j"，即"s_iRs_j"（$i=1,2,\cdots,n$，$j=1,2,\cdots,n$）的问题。通常称这种了解为"意识模型"，再经过相互之间的讨论便形成了一致或大体一致的看法（本着求同存异的原则）。要把要素之间的关系输入计算机，由人和计算机经过多次对话逐渐构成结构模型所对应的矩阵模型，整个过程如图7-1所示。根据最终得出的结构图，可以将结果与原先构思的模型进行比较。针对比较结果，或修正结构模型，或修正矩阵模型，或修正系统元素集合，直到满意为止。这个过程也是一个统一工作人员思想、提高工作人员认识水平的过程。

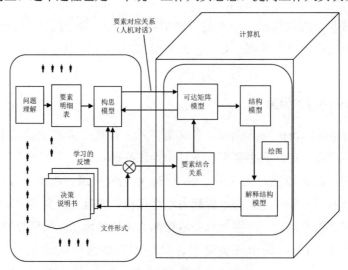

图7-1 人机对话解释性的结构模型

7.2.2 系统结构的构成

经过以上分析可知，任意系统都含有若干要素，而且要素之间存在着一定的逻辑关系，这些关系可理解为"影响""取决于""先于""需要""导致"或其他的含义。我们分别记系统 S 的要素集为 X，关系集为 R，即

$$X=\{s_1,s_2,\cdots,s_n\}，n 为要素数目$$

$$R=\{r_{ij}\}，i,j=1,2,\cdots,n，r_{ij}=(s_i,s_j) 或 r_{ij}=s_iRs_j（s_i 同 s_j 存在二元关系）$$

则系统 S 可表达为

$$S=(X,R)$$

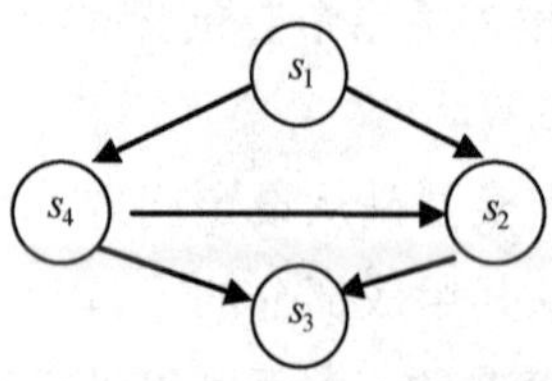

图7-2所示为由4个要素组成的系统。

在图 7-2 中，系统 $S=(X,R)$，其中 $X=\{s_1,s_2,s_3,s_4\}$，$R=\{(s_1,s_2),(s_1,s_4),(s_2,s_3),(s_4,s_2),(s_4,s_3)\}$。

在系统中，由于要素之间的关系都是有一定方向的，如因果关系、从属关系、支配关系等，因此为了不失一般性，本书均把 R 看作方向性的关系集，$r_{ij}=s_iRs_j$ 表示 s_i 影响 s_j。

图7-2 由4个要素组成的系统

7.2.3 系统结构的图形表示

系统结构图是由节点和连接节点的枝所构成的。在 X 的二元关系 (X, R) 中，当 X 是有限集合时，若把 X 的要素表达成点，把要素之间的关系 (s_i, s_j) 表达成从点 s_i 指向点 s_j 的具有方向的枝，则系统结构就可表达成系统的有向连接图。

图形表示的最大优点在于可直观、容易、明白地表示出系统结构，并使系统的信息传递路径一目了然。

但是，当系统为大规模系统或复杂系统时，系统的有向连接图就会变得错综复杂、难以看清。这时图形表示直观的优越性就丧失了，并且复杂系统的图形表示也不方便演算。因此，采用更有逻辑性且方便演算的系统结构表示形式成为新的要求。

7.2.4 系统结构的矩阵表示

在系统 (X, R) 中，X 是有限集合，把 X 的要素取作行和列，并且构成矩阵 A：

$$A = \begin{array}{c} \\ s_1 \\ s_2 \\ \vdots \\ s_n \end{array} \begin{array}{cccc} s_1 & s_2 & \cdots & s_n \end{array} \\ \left[\begin{array}{cccc} a_{11} & a_{12} & \cdots & a_{1n} \\ a_{21} & a_{22} & \cdots & a_{2n} \\ \vdots & \vdots & & \vdots \\ a_{n1} & a_{n2} & \cdots & a_{nn} \end{array} \right]$$

式中，

$$a_{ij} = \begin{cases} 1, & s_i R s_j \\ 0, & s_i \overline{R} s_j \end{cases}$$

A 是一个二值矩阵，即布尔矩阵，它的运算可根据布尔运算关系进行。布尔运算关系为

$$1+1=1, \quad 1+0=1, \quad 0+1=1, \quad 0+0=0$$
$$1 \times 1=1, \quad 1 \times 0=0, \quad 0 \times 1=0, \quad 0 \times 0=0$$

这样就建立了系统结构与矩阵之间的一一对应关系。

【例 7-1】由图 7-2 可给出表达系统结构的布尔矩阵：

$$A = \begin{array}{c} \\ s_1 \\ s_2 \\ s_3 \\ s_4 \end{array} \begin{array}{cccc} s_1 & s_2 & s_3 & s_4 \end{array} \\ \left[\begin{array}{cccc} 0 & 1 & 0 & 1 \\ 0 & 0 & 1 & 0 \\ 0 & 0 & 0 & 0 \\ 0 & 1 & 1 & 0 \end{array} \right]$$

由布尔矩阵与图 7-2 相对照可以看出，布尔矩阵就是一种表达系统有向连接图的矩阵，它将有向连接图的节点取作相应的行和列，把元素 a_{ij} 取为

$$a_{ij} = \begin{cases} 1, & \text{从点} s_i \text{到点} s_j \text{有连线（枝）} \\ 0, & \text{从点} s_i \text{到点} s_j \text{无连线（枝）} \end{cases}$$

我们把这种矩阵称为图的邻接矩阵，它表示的是各相邻单元之间的直接关系。通过对邻接矩阵的运算，可以得到更多的有关系统的信息。

由于 A 是布尔矩阵，因此有必要介绍一下布尔矩阵的几个性质。

（1）布尔矩阵同二元关系（图）一一对应，如果二元关系确定了，布尔矩阵也就唯一确定了。反之亦然。

（2）布尔矩阵的转置表示把二元关系的所有方向改变，即在图中使箭头方向变为反向。

（3）布尔矩阵的运算与普通矩阵的运算相同，元素的运算根据布尔运算关系进行。

逻辑和（并）：

$$A \cup B = \left\{ a_{ij} \cup b_{ij} \right\} = \max \left\{ a_{ij}, b_{ij} \right\}$$

逻辑乘（交）：

$$A \cap B = \left\{ a_{ij} \cap b_{ij} \right\} = \min \left\{ a_{ij}, b_{ij} \right\}$$

A 与 B 的乘积：

$$A \times B = \left\{ \sum_{k=1}^{n} a_{ik} \cdot b_{kj} \right\} = \max \left\{ \min \left\{ a_{ik}, b_{kj} \right\} \right\}$$

（4）布尔矩阵的积为 $A^n = A \times A \times \cdots \times A$，表示在图中存在长度为 n 的路径。

【例 7-2】考虑如图 7-3 所示的系统结构，布尔矩阵 A 及它的幂积如下：

$$A = \begin{array}{c} \\ s_1 \\ s_2 \\ s_3 \\ s_4 \end{array} \begin{array}{c} \begin{matrix} s_1 & s_2 & s_3 & s_4 \end{matrix} \\ \begin{bmatrix} 0 & 1 & 0 & 0 \\ 0 & 0 & 1 & 0 \\ 0 & 1 & 0 & 1 \\ 0 & 0 & 0 & 0 \end{bmatrix} \end{array}$$

$$A^2 = \begin{array}{c} \\ s_1 \\ s_2 \\ s_3 \\ s_4 \end{array} \begin{array}{c} \begin{matrix} s_1 & s_2 & s_3 & s_4 \end{matrix} \\ \begin{bmatrix} 0 & 0 & 1 & 0 \\ 0 & 1 & 0 & 1 \\ 0 & 0 & 1 & 0 \\ 0 & 0 & 0 & 0 \end{bmatrix} \end{array}, \quad A^3 = \begin{array}{c} \\ s_1 \\ s_2 \\ s_3 \\ s_4 \end{array} \begin{array}{c} \begin{matrix} s_1 & s_2 & s_3 & s_4 \end{matrix} \\ \begin{bmatrix} 0 & 1 & 0 & 1 \\ 0 & 0 & 1 & 0 \\ 0 & 1 & 0 & 1 \\ 0 & 0 & 0 & 0 \end{bmatrix} \end{array}$$

$$A^4 = \begin{array}{c} \\ s_1 \\ s_2 \\ s_3 \\ s_4 \end{array} \begin{array}{c} \begin{matrix} s_1 & s_2 & s_3 & s_4 \end{matrix} \\ \begin{bmatrix} 0 & 0 & 1 & 0 \\ 0 & 1 & 0 & 1 \\ 0 & 0 & 1 & 0 \\ 0 & 0 & 0 & 0 \end{bmatrix} \end{array}, \quad A^5 = \begin{array}{c} \\ s_1 \\ s_2 \\ s_3 \\ s_4 \end{array} \begin{array}{c} \begin{matrix} s_1 & s_2 & s_3 & s_4 \end{matrix} \\ \begin{bmatrix} 0 & 1 & 0 & 1 \\ 0 & 0 & 1 & 0 \\ 0 & 1 & 0 & 1 \\ 0 & 0 & 0 & 0 \end{bmatrix} \end{array}$$

它们分别表示在步长为 1、2、3、4、5 的路径上可能到达的点的存在。因此，若二元关系是可以递推的（如果有 s_iRs_k、s_kRs_j，则有 s_iRs_j），则通过 A^n 的计算就可以把系统结构上相互关联的要素弄清楚。

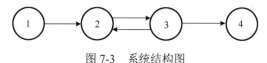

图 7-3　系统结构图

（5）在布尔矩阵中，如果有一列（如第 i 列）元素全是 1，则 s_i 是系统的源点；如果有一行（如第 k 行）元素全为 0，则 s_k 是系统的汇点。

（6）如果需要知道从某个要素 s_i 出发可能到达哪些要素，则可以把 A（直接的），A^2，A^3，…，A^n（间接的）结合在一起进行研究，取 $M = A \cup A^2 \cup \cdots \cup A^n$。

为方便起见，本书认为任何 s_i 到它本身也是可达的，这样应再加一个单位矩阵 I，取 $M = I \cup A \cup A^2 \cup \cdots \cup A^n$。

M 就是系统的可达矩阵，它的每个元素 m_{ij} 表明 s_i 能否到达 s_j（不论路径有多长）。

利用上述公式计算 M 是很麻烦的，尤其是在计算机上计算时，A，A^2，A^3，…，A^n 都要存储，要占用许多存储单元。为了使计算简便，可以使用以下的方法。

考虑到

$$(I \cup A)^2 = [I(I \cup A)] \cup [A(I \cup A)] = I \cup A \cup A^2$$

依次类推得

$$(I \cup A)^n = I \cup A \cup A^2 \cup \cdots \cup A^n = M$$

所以只要计算 $(I \cup A)^n$ 即可，这样不仅计算量小，而且需要存储的中间结果也少。

【例 7-3】

$$M = (I \cup A)^4$$

$$= \left\{ \begin{bmatrix} 1 & 0 & 0 & 0 \\ 0 & 1 & 0 & 0 \\ 0 & 0 & 1 & 0 \\ 0 & 0 & 0 & 1 \end{bmatrix} \cup \begin{bmatrix} 0 & 1 & 0 & 0 \\ 0 & 0 & 1 & 0 \\ 0 & 1 & 0 & 1 \\ 0 & 0 & 0 & 0 \end{bmatrix} \cup \cdots \cup \begin{bmatrix} 0 & 1 & 0 & 0 \\ 0 & 0 & 1 & 0 \\ 0 & 1 & 0 & 1 \\ 0 & 0 & 0 & 0 \end{bmatrix} \right\}^4$$

$$= \begin{bmatrix} 1 & 1 & 1 & 1 \\ 0 & 1 & 1 & 1 \\ 0 & 1 & 1 & 1 \\ 0 & 0 & 0 & 1 \end{bmatrix}$$

该式表明，1 可到达 1、2、3、4；2 可到达 2、3、4；3 可到达 2、3、4；4 只能到达它本身。

（7）当给定布尔矩阵时，可达矩阵就唯一确定了，但反过来却不成立。称实现给定的可达矩阵中 1 的个数最少的布尔矩阵为最小布尔矩阵。

【例 7-4】可达矩阵

$$M = \begin{bmatrix} 1 & 1 & 1 \\ 1 & 1 & 1 \\ 1 & 1 & 1 \end{bmatrix}$$

的布尔矩阵有多个，如

$$A_1 = \begin{bmatrix} 0 & 1 & 0 \\ 1 & 0 & 1 \\ 0 & 1 & 0 \end{bmatrix}, \quad A_2 = \begin{bmatrix} 0 & 1 & 0 \\ 0 & 0 & 1 \\ 1 & 0 & 0 \end{bmatrix}, \quad A_3 = \begin{bmatrix} 0 & 1 & 0 \\ 0 & 0 & 1 \\ 1 & 0 & 1 \end{bmatrix}$$

（8）可达矩阵 M 和它的转置矩阵 M^{T} 的共同部分 $M \cap M^{\mathrm{T}}$ 表示系统结构图中的强连接部分。

【例 7-5】在系统结构图中，若

$$M \cap M^{\mathrm{T}} = \begin{bmatrix} 0 & 0 & 0 & 0 \\ 0 & 1 & 1 & 0 \\ 0 & 1 & 1 & 0 \\ 0 & 0 & 0 & 0 \end{bmatrix}$$

则表示 2 和 3 构成强连接部分（回路）。

如果计算出 M 是满阵（各元素 m_{ij} 全是 1），则整个系统是强连接的。一般对于矩阵 B，若其置换矩阵 P 存在，使得

$$P^{-1}BP = \begin{bmatrix} B_{11} & B_{12} \\ B_{21} & B_{22} \end{bmatrix}$$

则当 $B_{12} = 0$ 或 $B_{21} = 0$ 时，称矩阵 B 是可约的。也就是说，若对矩阵适当地进行行和列的置换能将其变成分块三角矩阵，则称此矩阵是可约的，否则称此矩阵是既约的。

（9）对于布尔矩阵 A，当且仅当它的图为强连接图时，才称它是既约的。

（10）如果图中没有回路，则必有这样一个 v（$v < n$）存在，使 $Ak = 0$，$k > v$。

对于可达矩阵，必然有 $M \cup M^{\mathrm{T}} = I$。

7.3 系统结构建模方法

下面介绍两种常用的系统结构建模方法，即 DEMATEL 方法和 ISM 方法。

7.3.1 DEMATEL 方法

复杂系统包含的要素众多，并且要素之间的关系复杂，如何筛选主要要素、简化系统结构分析的过程是进行系统结构建模的关键。DEMATEL（Decision Making Trial and Evaluation Laboratory，决策试验和评价实验室）方法可以很好地帮助我们解决这个问题。

DEMATEL 方法是 1971 年 Bottelle 研究所为了解决现实世界中复杂、困难的问题而提出的方法。该方法是一种运用图论与矩阵工具进行系统要素分析的方法，通过分析系统中各要素之间的逻辑关系与直接影响关系，可以判断要素之间关系的有无及其强弱。目前，该方法已经成功应用于企业创新能力评价、旅游城市评价等多个领域。

针对一个系统，聚集相关人员集思广益，收集有关的内部、外部信息，以确定系统包含的一切要素，这需要认真选定有代表性的人员，确定收集的信息全面、客观，确保能够对系统进行正确的分析。该方法的实施步骤主要有以下几个。

（1）分析系统要素。收集相关信息，剖析系统要素。假设某系统含有 n 个要素，记为 $s_1, s_2, \cdots, s_n$。

（2）确定要素之间的直接影响程度。分析系统各要素之间直接影响关系的有无及其强弱，如果要素 s_i 对要素 s_j 有直接影响，则从 s_i 画一个箭头指向 s_j，同时在图中的箭头上用数字表明要素之间关系的强弱，"强"标 3，"中"标 2，"弱"标 1。如果有一个箭头从 s_i 指向 s_j，则说明要素 s_i 对要素 s_j 有直接影响，箭头上的数字反映了二者之间关系的强弱，如图 7-4 所示，其中 a、b、c 等表示要素之间关系的强弱。

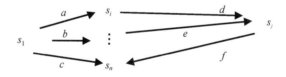

图 7-4　要素之间直接影响关系有向图

注意：当 n 充分大时，可以用式 $G(I - G)^{-1}$ 近似计算综合影响矩阵 T，其中 I 为 $n \times n$ 单位矩阵。

（3）构建直接影响矩阵。将上述各要素之间的直接影响关系用矩阵表示。对于包含 n 个要素的系统而言，用 n 阶矩阵 $X = (a_{ij})_{n \times n}$ 表示各要素之间的直接影响关系。其中，a_{ij} 为图 7-4 中要素 s_i 和 s_j 之间箭头上的数据，即要素 s_i 对要素 s_j 有直接影响。若要素 s_i 和 s_j 之间无联系，则 $a_{ij} = 0$。

（4）计算规范化直接影响矩阵。对直接影响矩阵进行规范化处理，得到规范化直接影响矩阵 G（$G = \left[g_{ij} \right]_{n \times n}$）。

$$G = \frac{1}{\max\limits_{1 \leq i \leq n} \sum\limits_{j=1}^{n} x_{ij}} X$$

（5）确定综合影响矩阵。为了分析各要素之间的关系，需要求综合影响矩阵，如图 7-5 所示。

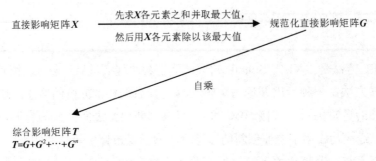

图 7-5　DEMATEL 方法的步骤图

（6）计算要素的影响度和被影响度。对矩阵 T 中元素按行相加得到相应要素的影响度，对矩阵 T 中元素按列相加得到相应要素的被影响度。例如，要素 s_i（$i=1,2,\cdots,n$）的影响度 f_i 和被影响度 e_i 的计算公式如下：

$$f_i = \sum_{j=1}^{n} t_{ij}, \quad i=1,2,\cdots,n$$

$$e_i = \sum_{j=1}^{n} t_{ji}, \quad i=1,2,\cdots,n$$

（7）计算各要素的中心度与原因度。要素的影响度和被影响度相加得到其中心度，要素的影响度和被影响度相减得到其原因度。例如，要素 s_i（$i=1,2,\cdots,n$）的中心度 m_i 和原因度 n_i 的计算公式如下：

$$m_i = f_i + e_i, \quad i=1,2,\cdots,n$$

$$n_i = f_i - e_i, \quad i=1,2,\cdots,n$$

如果原因度 $n_i > 0$，则表明该要素对其他要素影响大，称该要素为原因要素；如果原因度 $n_i < 0$，则表明该要素受其他要素影响大，称该要素为结果要素。

（8）提出建议。通过上述计算，根据影响度和被影响度可判断出要素之间的相互影响关系及其对系统整体的影响程度，根据各要素的中心度可判断出各要素在系统中的重要程度，根据各要素的原因度可确定各要素在系统中所处的位置。这样我们便可以根据上述量化关系，删减要素，简化要素之间的关系。

定理　使用 DEMATEL 方法求得的各要素的中心度和原因度与指标的顺序无关。

证明：

（1）设 X_1 是由影响要素 $F_1, F_2, \cdots, F_n$ 按照 $1,2,\cdots,n$ 的一种排列得到的直接影响矩阵，X_2 是由影响要素 $F_1, F_2, \cdots, F_n$ 按照 $1,2,\cdots,n$ 的另一种排列得到的直接影响矩阵，若 $j > i$，则不难看出，直接影响矩阵 X_1 经过交换第 i,j 列后，再交换第 i,j 行即可得到直接影响矩阵 X_2，即由初等变换矩阵 $P(i,j)$ 可得

$$X_2 = P(i,j) X_1 P(i,j)$$

又因为 $P(i,j)^{-1} = P(i,j)$，所以 $X_2 = P(i,j)^{-1} X_1 P(i,j)$，即 $X_1 = P(i,j) X_2 P(i,j)^{-1}$。也就是说，$X_1$ 与 X_2 是等价的。

由于

$$T_1 = X_1(X_1 - I) - 1$$
$$= P(i,j)X_2P(i,j) - 1(P(i,j)X_2P(i,j) - 1 - I) - 1$$
$$= P(i,j)X_2P(i,j) - 1P(i,j)(X_2 - I) - 1P(i,j) - 1$$
$$= P(i,j)X_2(X_2 - I) - 1P(i,j) - 1$$
$$= P(i,j)T_2P(i,j) - 1$$

反之亦有

$$T_2 = P(i,j)^{-1}T_1P(i,j)$$

所以 T_1 与 T_2 是等价的。

下面证明根据综合影响矩阵 T_1 所求的要素 s_i 的中心度 m_i 和原因度 n_i 与根据综合影响矩阵 T_2 所求的相等。

根据综合影响矩阵 T_1，由中心度 m_i 的定义可得，m_i 是 T_1 的第 i 行与第 i 列的和。根据综合影响矩阵 T_2，由中心度 m_i 的定义可得，m_i 是 T_2 的第 j 行与第 j 列的和。由于 $T_2 = P(i,j)^{-1}T_1P(i,j)$，$P(i,j)$ 是互换两行或两列的变换矩阵，互换行不改变列和，互换列不改变行和，所以综合影响矩阵 T_1 的第 i 行的和与第 i 列的和分别同综合影响矩阵 T_2 的第 j 行的和与第 j 列的和相等，根据综合影响矩阵 T_1 所求的要素 s_i 的中心度 m_i 和原因度 n_i 与根据综合影响矩阵 T_2 所求的相等。

（2）对于一般的情况，X_1 是由影响要素 $s_i(i=1,2,\cdots,n)$ 按照 $1,2,\cdots,n$ 的一种排列得到的直接影响矩阵，X_2 是由影响要素 $s_i(i=1,2,\cdots,n)$ 按照 $1,2,\cdots,n$ 的另一种排列得到的直接影响矩阵。不难看出，X_1 与 X_2 仍然是等价的，即存在一个可逆矩阵 P，这里 $P = P(i_1,j_1)P(i_2,j_2)\cdots P(i_t,j_t)$，$P(i_t,j_t)$ 是互换两行或两列的变换矩阵，使得 $X_1 = PX_2P^{-1}$ 成立。同理可证明 T_1 与 T_2 是等价的，由（1）的结论可得出，根据综合影响矩阵 T_1 所求的要素 s_i 的中心度 m_i 和原因度 n_i 与根据综合影响矩阵 T_2 所求的相等。

综上所述，使用 DEMATEL 方法求得的各要素的中心度和原因度与指标的顺序无关。该性质保证了我们在建立直接影响矩阵时不需要考虑指标顺序。

【例 7-6】已知系统各要素之间的关系，如图 7-6 所示，整理得到直接影响矩阵，如图 7-7 所示。按照 DEMATEL 方法的步骤，可以得到各要素之间的综合影响关系及其原因度与中心度，如表 7-2 所示。

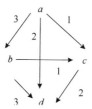

图 7-6　系统各要素之间的关系

$$X^d = \begin{array}{c|cccc} & a & b & c & d \\ \hline a & 0 & 3 & 1 & 2 \\ b & 0 & 0 & 1 & 3 \\ c & 0 & 0 & 0 & 2 \\ d & 0 & 0 & 0 & 0 \end{array}$$

图 7-7　直接影响矩阵

表 7-2　各要素之间的综合影响矩阵及其原因度与中心度

要　　素	a	b	c	d	行　　和	原　因　度	中　心　度
a	0.00	0.50	0.25	0.67	1.42	1.42	1.42
b	0.00	0.00	0.17	0.56	0.72	0.22	1.22
c	0.00	0.00	0.00	0.33	0.33	−0.08	0.75
d	0.00	0.00	0.00	0.00	0.00	−1.56	1.56
列和	0.00	0.50	0.42	1.56	0.00		

根据表 7-2 可以看出，各要素在系统中的重要程度依次是 d、a、b、c，原因要素是 a、b，结果要素是 c、d。在该系统中，c 的原因度最小，中心度也最小，可以考虑删除该要素，以达到减少要素的目的。

虽然通过 DEMATEL 方法可减少系统中的要素，并简化各要素之间的关系，但是对于大的复杂系统，如社会、经济、环境、生态等系统，难以通过 DEMATEL 方法进行分析。此时，需要使用 ISM 方法将复杂系统分解成若干子系统或将复杂系统划分成层次结构。

7.3.2　ISM 方法

解释结构模型（Interpretative Structural Modeling，ISM）是美国 J. 华费尔特教授于 1973 年为分析复杂的社会、经济系统问题而开发的一种模型。ISM 方法是结构模型化技术的一种，其特点是将复杂系统分解成若干子系统（要素），利用人们的实践经验和知识，以及计算机的帮助，最终将系统构造成一个多级递阶的模型。它特别适用于变量众多、关系复杂、结构不清晰的系统分析，也可用于方案的排序等。

目前，ISM 方法的应用范围很广，涉及能源、资源等国际性问题，地区开发、交通事故等国家范围内的问题，以及企业、个人范围内的问题。它在系统工程的所有阶段（明确问题、确定目标、计划、分析、综合、评价、决策）都能应用，尤其对统一意见很有效。一般来讲，适合运用 ISM 方法的准则包括抓住问题的本质、找到解决问题的有效对策及得到多数人的同意等。

实施 ISM 方法的步骤，除包含挑选实施 ISM 方法的成员、设定问题、选择构成问题的要素、建立要素之间的关系以外，还包含建立结构模型和 ISM 的意义。其中，建立结构模型又分为两个阶段，即根据问题建立可达矩阵和根据可达矩阵建立 ISM。由于本章前面已经介绍过可达矩阵的建立，所以本节着重介绍 ISM 的建立。在介绍上述实施 ISM 方法的步骤之前，先介绍一些基本概念。

1．基本概念

假设某系统 X 的要素集为 $X = (s_1, s_2, \cdots, s_n)$，系统的可达矩阵为 $\boldsymbol{M} = (m_{ij})_{n \times n}$。

（1）没有回路的上位集。要素 s_i 没有回路的上位集记作 $A(s_i)$。其中，$A(s_i)$ 中的要素与 s_i 无关，而 s_i 与 $A(s_i)$ 中的要素有关，即有向图上从 s_i 到 $A(s_i)$ 存在有向边，而从

$A(s_i)$ 到 s_i 却不存在有向边。

（2）有回路的上位集。要素 s_i 有回路的上位集记作 $B(s_i)$。其中，$B(s_i)$ 中的要素与 s_i 有关，s_i 与 $B(s_i)$ 中的要素也有关，即有向图上从 s_i 到 $B(s_i)$ 存在有向边，从 $B(s_i)$ 到 s_i 也存在有向边。

（3）无关集。要素 s_i 的无关集记作 $C(s_i)$。其中，$C(s_i)$ 中的要素与 s_i 无关，s_i 与 $C(s_i)$ 中的要素也无关，即有向图上从 s_i 到 $C(s_i)$ 不存在有向边，从 $C(s_i)$ 到 s_i 也不存在有向边。

（4）下位集。要素 s_i 的下位集记作 $D(s_i)$。其中，$D(s_i)$ 中的要素与 s_i 有关，s_i 与 $D(s_i)$ 中的要素无关，即有向图上从 s_i 到 $D(s_i)$ 不存在有向边，而从 $D(s_i)$ 到 s_i 存在有向边。

图 7-8 所示为要素 s_i 与 $A(s_i)$、$B(s_i)$、$C(s_i)$ 和 $D(s_i)$ 之间的关系。

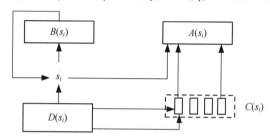

图 7-8　要素 s_i 与 $A(s_i)$、$B(s_i)$、$C(s_i)$ 和 $D(s_i)$ 之间的关系

（5）可达集合。要素 s_i 的上位集（包含没有回路的上位集 $A(s_i)$ 和有回路的上位集 $B(s_i)$）又称为可达集合，记作 $L(s_i)=\{s_j \in X \mid m_{ij}=1\}$。从有向图上看，可达集合是从 s_i 出发能够到达 $L(s_i)$ 的集合。

（6）先行集合。与可达集合相对应，要素 s_i 的下位集又称为先行集合，记作 $F(s_i)=\{s_j \in X \mid m_{ji}=1\}$。先行集合又称为前向集合。从有向图上看，先行集合是所有可到达 s_i 的 $F(s_i)$ 的集合。

2. 实施 ISM 方法的步骤

实施 ISM 方法的步骤可以归纳为以下几个。

第 1 步，找出影响系统问题的主要要素，判断要素之间的直接（相邻）影响关系。

第 2 步，考虑因果等关系的传递性，建立反映各要素之间关系的可达矩阵（该类矩阵属于反映逻辑关系的布尔矩阵）。

第 3 步，考虑要素之间可能存在的强连接（相互影响）关系，仅保留其中的代表要素，形成可达矩阵的缩减矩阵。

第 4 步，缩减矩阵的层次化处理，可分为以下两个步骤。

（1）按照矩阵每一行中"1"的个数的多少，从前到后重新排列矩阵，此矩阵应为严格的下三角矩阵。

（2）从矩阵的左上到右下依次找出最大单位矩阵，逐步形成不同层次的要素集合。

第 5 步，绘制多级递阶有向图，主要有以下几个步骤。

（1）按照每个最大单位矩阵框定的要素，将各要素按层次分布。

（2）将第 3 步被缩减掉的要素随其代表要素同级补入，并标明它们之间的相互作用关系。

（3）用从下到上的有向弧来显示逐级要素之间的关系。

（4）补充必要的越级关系。

第 6 步，经直接转换建立 ISM。

在上述步骤中，先建立缩减矩阵，然后按照矩阵每一行中"1"的个数的多少来重新排列矩阵，因为是一个无回路有向图（Directed Acyclic Graph，DAG），所以应为一个严格的下三角矩阵。建立严格的下三角矩阵的过程就是求强连通子集的过程，要对强连通子集按可达值数目的多少进行排序。

3．区域分解

基于可达矩阵，将系统的要素分解为几个相互无联系或联系极少的区域，具有以下几种操作方法。

（1）确定各要素的可达集合和先行集合。

依据可达集合和先行集合的定义，确定系统中各要素的可达集合和先行集合。

（2）分析要素的共同集合。

系统中各要素的共同集合记为 T，其中 $T = \{s_i \in X \mid L(s_i) \cap F(s_i) = F(s_i)\}$，$T$ 中的要素为底层要素。

（3）区域划分。

区域划分是指把要素之间的关系分为可达与不可达，并且判断这些要素的连通性，即把系统分为有关系的几个部分或子部分。

分析 T 中的要素，并且找出与它们在同一部分内的要素。如果要素在同一部分内，则它们的可达集合的交集非空，即对于要素 s_i 和 s_j 而言，若 $L(s_i) \cap L(s_j) = \varnothing$，则它们分别属于两个区域，否则它们属于同一区域。

这样运算可将系统 X 划分为若干个区域，记为 $\Pi(X) = P_1, P_2, \cdots, P_m$（$m$ 为分区数目）。

【例 7-7】假设某系统的可达矩阵如下：

$$M = \begin{array}{c c} & \begin{matrix} 1 & 2 & 3 & 4 & 5 & 6 & 7 \end{matrix} \\ \begin{matrix} 1 \\ 2 \\ 3 \\ 4 \\ 5 \\ 6 \\ 7 \end{matrix} & \begin{bmatrix} 1 & 0 & 0 & 0 & 0 & 0 & 0 \\ 1 & 1 & 0 & 0 & 0 & 0 & 0 \\ 0 & 0 & 1 & 1 & 1 & 1 & 0 \\ 0 & 0 & 0 & 1 & 1 & 1 & 0 \\ 0 & 0 & 0 & 0 & 1 & 0 & 0 \\ 0 & 0 & 0 & 1 & 1 & 1 & 0 \\ 1 & 1 & 0 & 0 & 0 & 0 & 1 \end{bmatrix} \end{array}$$

为了对 M 进行区域分解，需要计算系统中各要素的可达集合和先行集合，以及二者的共同集合，如表 7-3 所示。

表 7-3　可达集合、先行集合和共同集合

i	$L(s_i)$	$F(s_i)$	$L(s_i) \cap F(s_i)$
1	1	1,2,7	1
2	1,2	2,7	2
3	3,4,5,6	3	3
4	4,5,6	3,4,6	4,6
5	5	3,4,5,6	5
6	4,5,6	3,4,6	4,6
7	1,2,7	7	7

由表 7-3 可知，$T = \{s_3, s_7\}$。

由于 $L(s_3) \cap L(s_7) = \varnothing$，所以 s_3 与 s_7 分别属于两个区域。

另外，由于 s_4、s_5 和 s_6 的可达集合与 s_3 的可达集合的交集非空，所以 s_4、s_5、s_6 和 s_3 在同一区域内。同理，s_1、s_2 和 s_7 在同一区域内。

因此，整个系统可划分为两个区域：$\Pi(X) = P_1, P_2$。其中，$P_1 = \{s_3, s_4, s_5, s_6\}$，$P_2 = \{s_1, s_2, s_7\}$。

依据区域划分的结构，可将可达矩阵中的要素进行重新排列，得到矩阵 $\boldsymbol{M}_\mathrm{H}$：

$$
\boldsymbol{M}_\mathrm{H} = \begin{array}{c} \\ 3 \\ 4 \\ 5 \\ 6 \\ 1 \\ 2 \\ 7 \end{array}
\begin{array}{cccccc} 3 \quad 4 \quad 5 \quad 6 \quad 1 \quad 2 \quad 7 \\ \left[\begin{array}{cccccc} 1 & 1 & 1 & 1 & & & 0 \\ 0 & 1 & 1 & 1 & & & \\ 0 & 0 & 1 & 0 & & & \\ 0 & 1 & 1 & 1 & & & \\ & & & & 1 & 0 & 0 \\ & & & & 1 & 1 & 0 \\ 0 & & & & 1 & 1 & 1 \end{array}\right] \end{array}
$$

和矩阵 $\boldsymbol{M}$ 不同，矩阵 $\boldsymbol{M}_\mathrm{H}$ 的结构更为清晰。

（4）区域内级间分解。

级间分解是指将系统中的所有要素划分成不同级（层次）。

依据可达集合和先行集合的定义，在一个多级结构中，系统的最上级要素的可达集合只能由其本身和其强连接要素组成。所谓两个要素的强连接，是指这两个要素互相可达，在有向连接图中表现为都有箭头指向对方。具有强连接性的要素称为强连接要素。此外，系统的最上级要素的先行集合也只能由其本身和结构中的下一级可能到达该要素的要素及其强连接要素构成。因此，系统的最上级要素 s_i 必须满足以下条件：

$$L(s_i) \cap F(s_i) = L(s_i)$$

找出系统的最上级要素后，先在可达矩阵中除去它们，然后继续寻找除去它们后的最上级要素，直至划分出了所有要素。级间分解的步骤可归纳为以下几个。

①如果 $L(s_i) \cap F(s_i) = L(s_i)$ ，则 s_i 属于第一级要素。

②在可达矩阵 $\boldsymbol{M}$ 中除去该要素所对应行和列，重复步骤①得到次一级要素。

③对所有要素分级。

④根据分级的先后次序重新对矩阵进行排列。

根据以上级间分解原理和方法，对前面经过区域分解的分块可达矩阵 $\boldsymbol{M}_\mathrm{H}$ 中的区域 P_1 和 P_2 进行分级。同表 7-3 中可达集合、先行集合和共同集合的划分办法一样，可在表 7-3 中取 $i=3,4,5,6$ 的部分，得到表 7-4。

表 7-4　要素 s_3, s_4, s_5, s_6 的可达集合、先行集合和共同集合

i	$L(s_i)$	$F(s_i)$	$L(s_i) \cap F(s_i) = L(s_i)$
3	3,4,5,6	3	3
4	4,5,6	3,4,6	4,6
5	5	3,4,5,6	5
6	4,5,6	3,4,6	4,6

依据表 7-4，进行区域内级间分解。

①

$$L_1 = \{s_i \in P_1 \mid L(s_i) \cap F(s_i) = L(s_i)\}$$
$$= \{s_i \in \{s_3, s_4, s_5, s_6\} \mid L(s_i) \cap F(s_i) = L(s_i)\}$$
$$= \{s_5\}$$

即第一级要素为 s_5 ，剩余要素为

$$\{P - L_1\} = \{s_3, s_4, s_5, s_6\} - \{s_5\}$$
$$= \{s_3, s_4, s_6\}$$

计算剩余要素的可达集合、先行集合及二者的交集，得到表 7-5。

表 7-5　要素 s_3, s_4, s_6 的可达集合、先行集合和共同集合

i	$L(s_i)$	$F(s_i)$	$L(s_i) \cap F(s_i) = L(s_i)$
3	3,4,6	3	3
4	4,6	3,4,6	4,6
6	4,6	3,4,6	4,6

②

$$L_2 = \{s_i \in P_1 - L_1 \mid L(s_i) \cap F(s_i) = L(s_i)\}$$
$$= \{s_i \in \{s_3, s_4, s_6\} \mid L(s_i) \cap F(s_i) = L(s_i)\}$$
$$= \{s_4, s_6\}$$

即第二级要素为 s_4 和 s_6 ，剩余要素为

$$\{P - L_1 - L_2\} = \{s_3, s_4, s_5, s_6\} - \{s_5\} - \{s_4, s_6\}$$
$$= \{s_3\}$$

计算剩余要素的可达集合、先行集合及二者的交集，得到表 7-6。

表 7-6　要素 s_3 的可达集合、先行集合和共同集合

i	$L(s_i)$	$F(s_i)$	$L(s_i) \cap F(s_i) = L(s_i)$
3	3	3	3

③

$$L_3 = \{s_i \in P_1 - L_1 - L_2 \mid L(s_i) \cap F(s_i) = L(s_i)\}$$
$$= \{s_i \in \{s_3\} \mid L(s_i) \cap F(s_i) = L(s_i)\}$$
$$= \{s_3\}$$

即第三级要素为 s_3，剩余要素为

$$\{P - L_1 - L_2 - L_3\} = \{s_3, s_4, s_5, s_6\} - \{s_5\} - \{s_4, s_6\} - \{s_3\} = \varnothing$$

至此，所有要素均被分级。故区域 P_1 共分为三级，第一级元素为 s_5，第二级元素为 s_4 和 s_6，第三级元素为 s_3。

同理，可对区域 P_2 进行分级，可得第一级元素为 s_1，第二级元素为 s_2，第三级元素为 s_7，用公式表达为

$$P_1 = L_1^1, L_2^1, L_3^1 = \{s_5\}, \{s_4, s_6\}, \{s_3\}$$
$$P_2 = L_1^2, L_2^2, L_3^2 = \{s_1\}, \{s_2\}, \{s_7\}$$

依据区域内级间分解的结果，将可达矩阵 M_H 按级变位，得到 M_H'：

$$M_H' = \begin{array}{c} \\ 5 \\ 4 \\ 6 \\ 3 \\ 1 \\ 2 \\ 7 \end{array} \begin{array}{c} 5\ 4\ 6\ 3\ 1\ 2\ 7 \\ \left[\begin{array}{ccccccc} 1 & 0 & 0 & 0 & & & 0 \\ 1 & 1 & 1 & 0 & & & \\ 1 & 1 & 1 & 0 & & & \\ 1 & 1 & 1 & 1 & & & \\ & & & & 1 & 0 & 0 \\ & & & & 1 & 1 & 0 \\ 0 & & & & 1 & 1 & 1 \end{array} \right] \end{array}$$

需要注意的是，对于结构不太复杂的系统，级间分解可直接在可达矩阵上进行。如图 7-9 所示，首先找出矩阵元素全部为 1 的各列，把该列与其相对应的行除去，作为第一级，得到新的缩减矩阵 M'；其次用同样的方法找出矩阵元素全部为 1 的新列，除去其相应的列和行，作为第二级。如此重复下去，直到分解完为止。

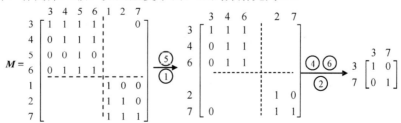

图 7-9　分解过程图

（5）强连通块划分。

由矩阵 M'_H 可知，$\{s_4, s_6\}$ 的相应行和列的矩阵元素完全一样。因此，可以把两者视为一个系统来对待，从而可缩减相应的行和列，得到新的递阶结构分块可达矩阵 M'（称为缩减矩阵）。将 s_6 除去后，得

$$
M' = \begin{array}{c} \\ 5 \\ 4 \\ 3 \\ \\ 1 \\ 2 \\ 7 \end{array}
\begin{array}{c} \begin{array}{ccccccc} 5 & 4 & 3 & & 1 & 2 & 7 \end{array} \\
\left[\begin{array}{ccc|ccc}
1 & 0 & 0 & & & 0 \\
1 & 1 & 0 & & & \\
1 & 1 & 1 & & & \\ \hline
& & & 1 & 0 & 0 \\
& & & 1 & 1 & 0 \\
0 & & & 1 & 1 & 1
\end{array} \right] \end{array}
$$

（6）ISM 的建立。

在区域划分和区域内级间分解的基础上，可建立 ISM。建立 ISM，就是要建立结构矩阵，这个结构矩阵主要用来反映系统多级递阶结构的问题，使系统层次分明、结构清晰。令 A' 代表结构矩阵，它可以由缩减后的可达矩阵 M' 通过一系列的计算求得。下面给出一个简易的计算方法。先从矩阵 M' 中减去单位矩阵 I，得到新的矩阵 M''，再从 M'' 中找出结构矩阵。这个过程等价于把对系统进行整理而求得的可达矩阵再还原回去，得到原系统的分级递阶结构有向连接图，但它已实现了对系统更高一级的认识。

现仍以前例求解，因为矩阵 M' 已知，故可继续求 M''，即

$$
M'' = M' - I = \begin{array}{c} \\ 5 \\ 4 \\ 3 \\ \\ 1 \\ 2 \\ 7 \end{array}
\begin{array}{c} \begin{array}{ccccccc} 5 & 4 & 3 & & 1 & 2 & 7 \end{array} \\
\left[\begin{array}{ccc|ccc}
0 & 0 & 0 & & & 0 \\
1 & 0 & 0 & & & \\
1 & 1 & 0 & & & \\ \hline
& & & 0 & 0 & 0 \\
& & & 1 & 0 & 0 \\
0 & & & 1 & 1 & 0
\end{array} \right] \end{array}
$$

在矩阵 M'' 中，先找第一级与第二级之间的关系，再找第二级与第三级之间的关系，直到把每个分区的各级找完为止，这样便可求出结构矩阵 A''。

由 M'' 可知，$m''_{45} = 1$，说明节点 s_4 与处于第一级的节点 s_5 有关，即 $s_4 \rightarrow s_5$。抽去 s_5 的行和列再找第二级与第三级之间的关系；$m''_{34} = 1$，说明节点 s_3 和节点 s_4 之间有 $s_3 \rightarrow s_4$ 的关系。依此可把 P_2 区域中的节点之间的关系也找出来，即若 $m''_{21} = 1$，则有 $s_2 \rightarrow s_1$；若 $m''_{72} = 1$，则有 $s_7 \rightarrow s_2$。

把 $m''_{45} = 1$，$m''_{34} = 1$，$m''_{21} = 1$，$m''_{72} = 1$ 作为结构矩阵的元素，可得出结构矩阵 A'：

$$A' = \begin{array}{c} \\ 5 \\ 4 \\ 3 \\ \\ 1 \\ 2 \\ 7 \end{array} \begin{array}{cccccc} 5 & 4 & 3 & 1 & 2 & 7 \\ \left[\begin{array}{ccc|ccc} 0 & 0 & 0 & & & 0 \\ 1 & 0 & 0 & & & \\ 0 & 1 & 0 & & & \\ \hline & & & 0 & 0 & 0 \\ & & & 1 & 0 & 0 \\ 0 & & & 0 & 1 & 0 \end{array} \right] \end{array}$$

有了结构矩阵 A'，就可以绘制出系统的多级递阶结构有向连接图，如图 7-10 所示。

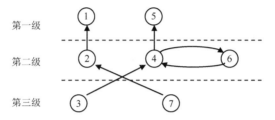

图 7-10 系统的多级递阶结构有向连接图

这个实例很简单，一般可直观地表示出来，而实际中的系统、元素之间的关系要比这复杂得多。

案例分析

基于 DEMATEL 方法的省会/副省级文明城市测评指标分析

自 1995 年中宣部、国务院办公厅在张家港召开全国精神文明建设经验交流会以来，文明城市建设已经在提高城市文明程度、市民素质和群众生活质量，推动物质文明、政治文明、精神文明协调发展和经济社会全面进步等方面发挥了重要作用，取得了显著成效。2004 年，中央精神文明建设指导委员会办公室颁发的《全国文明城市测评体系》中设定了各级文明城市的测评指标体系，以及各项指标的权重系数。经过不断探索与实践，2021 年 5 月《全国文明城市（地级以上）测评体系（2021 年版）》和《全国县级文明城市测评体系（2021年版）》印发，并规定每年对文明城市建设进行考核。文明城市的测评方法的选择直接影响文明城市的测评结果，现有的文明城市的测评方法主要有加权平均方法和层次分析方法。加权平均方法和层次分析方法均要求测评指标间具有独立性。而《全国文明城市测评体系》中设定了各级文明城市的测评指标体系的指标间并不是完全独立的，它们存在交互关联作用。为了更加科学合理地评价城市的文明程度，下面以省会/副省级文明城市测评指标为例，基于 DEMATEL 方法探讨测评指标间关联的确定和消除。

1. 文明城市测评一级指标分析

适用于省会/副省级文明城市测评体系的一级指标包含廉洁高效的政务环境（I-1）、公正公平的法治环境（I-2）、规范守信的市场环境（I-3）、健康向上的人文环境（I-4）、安居乐业的生活环境（I-5）、可持续发展的生态环境（I-6）和扎实有效的创建活动（I-7）。这些一级指标间并不是相互独立的。其中，政务环境和法治环境之间存在着相互影响关系，只有政务环境廉洁高效才能创造公正公平的法治环境，而法治的宣传和人民权益的保证又依赖于政务环境。政务环境和法治环境是基础，它们共同支撑市场环境、人文环境、生活环境和生态环境的建设。例如，政务环境影响市场环境的建设，只有诚信政府才能构建诚信市场。法治环境影响人文环境的建设，只有健全合理的法治环境才有利于文化市场管理和文化遗产保护。人文环境影响市场环境的建设，因为国民教育影响诚信系统的构建。市场环境影响生活环境的建设，因为市场环境影响生活环境的医疗和公共卫生。人文环境的建设影响人们的可持续发展观，因为它对生态环境中的废弃物处理等有影响。市场环境、生活环境、生态环境和人文环境发展良好才能支撑文明城市的创建活动。

DEMATEL 方法适用于描述指标间的相互影响关系，下面利用该方法分析省会/副省级文明城市测评一级指标间的相互影响关系。利用 DEMATEL 方法分析省会/副省级文明城市测评一级指标间的关联，具体有以下几个步骤。

步骤 1：确定一级指标间的直接影响矩阵。以南京市的 300 个人作为调查对象。其中，白下区、秦淮区、玄武区、鼓楼区、下关区、雨花台区、栖霞区和建邺区，在每个区中选择调查对象 30 个人；江宁区、浦口区和六合区，在每个区中选择调查对象 20 个人（说明：本案例调查数据为 2012 年数据，2013 年后白下区和下关区已经逐步撤销）。通过电子邮件（E-mail）的方式对调查对象进行了为期 2 个月的问卷调查。采用 1～9 标度对省会/副省级文明城市测评一级指标间的直接关联程度进行调研，其中 9 表示对应指标间的关联最强，1 表示对应指标间的关联最弱。回收有效问卷 261 份。对有效问卷进行分析并取平均数作为对应指标间的直接关联程度，得到省会/副省级文明城市测评一级指标间的直接影响矩阵，如表 7-7 所示。

表 7-7　省会/副省级文明城市测评一级指标间的直接影响矩阵

	I-1	I-2	I-3	I-4	I-5	I-6	I-7
I-1		3	6	2	3	1	6
I-2	4		6	3	4	2	1
I-3				6	4	4	
I-4			4		2	4	
I-5							3
I-6							3
I-7							

步骤 2：确定指标间的综合影响矩阵。依据 DEMATEL 方法和表 7-7 中的数据计算得到省会/副省级文明城市测评一级指标间的综合影响矩阵，如表 7-8 所示。

表 7-8　省会/副省级文明城市测评一级指标间的综合影响矩阵

	I-1	I-2	I-3	I-4	I-5	I-6	I-7
I-1	0	0.167	0.401	0.105	0.167	0.05	0.401
I-2	0.235	0	0.401	0.167	0.235	0.105	0.050
I-3	0	0	0	0	0.401	0.235	0.235
I-4	0	0	0.235	0	0	0.105	0.235
I-5	0	0	0	0	0	0	0.167
I-6	0	0	0	0	0	0	0.167
I-7	0	0	0	0	0	0	0

步骤 3：确定原因指标和结果指标。依据表 7-8，首先计算各指标的影响度（表 7-8 中各指标所对应行的和）和被影响度（表 7-8 中各指标所对应列的和），其次确定各指标的原因度，并绘制一级指标的原因–结果图，如图 7-11 所示。

依据一级指标的原因–结果图（见图 7-11）可以得出省会/副省级文明城市建设的原因指标为廉洁高效的政务环境、公正公平的法治环境和健康向上的人文环境，结果指标为规范守信的市场环境、安居乐业的生活环境、可持续发展的生态环境和扎实有效的创建活动。原因指标对其他指标的影响较大，而结果指标受到其他指标的影响较大。因此，若要将城市建设成文明城市，需要从根本上解决问题，即规范政务环境和法治环境，加强人文环境建设。因此，可依据原因指标对城市的文明程度进行评价，即利用廉洁高效的政务环境、公正公平的法治环境和健康向上的人文环境代替原有的 7 个一级指标评价城市的文明程度。这样既精简了一级指标体系，又确定了一级指标间的交互影响作用。

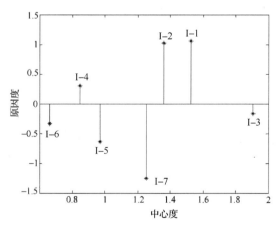

图 7-11　一级指标的原因-结果图

精简后的一级指标中廉洁高效的政务环境（I-1）包含 3 个二级指标，分别为干部学习教育（II-1）、政务行为规范（II-2）和勤政廉政的满意度（II-3）。公正公平的法治环境

（I-2）包含 4 个二级指标，分别为法治宣传教育与法律援助（II-4）、公民权益维护（II-5）、基层民主政治（II-6）和社会安定有序（II-7）。健康向上的人文环境（I-4）包含7个二级指标，分别为思想道德建设（II-10）、市民文明行为（II-11）、社会道德风尚（II-12）、国民教育（II-13）、文体活动与文体设施（II-14）、文化管理（II-15）和科学普及（II-16）。由此可见，虽然一级指标体系得到了精简，但是二级指标体系仍然较为庞大。为了进一步压缩指标体系及分析原因指标的二级指标间的相互影响关系，下面利用DEMATEL 方法对一级原因指标的二级指标进行分析。

2. 文明城市测评二级指标分析

与一级指标间的相互影响关系的调查对象和调查方式相同，回收有效问卷 194 份。但是由问卷得到的二级指标间的相互影响程度得分的离散度较高，此次对每份问卷单独采用 DEMATEL 方法进行处理，分析由不同问卷得到的原因指标和结果指标。其中，73%的问卷的分析结果表明，公民权益维护、社会安定有序、思想道德建设、市民文明行为和社会道德风尚为结果指标，而其他指标为原因指标。这说明公民权益维护、社会安定有序、思想道德建设、市民文明行为和社会道德风尚受其他指标的影响，但它们不影响其他指标。因此，原因指标可以代替结果指标。

依据上述一级指标和二级指标的精简结果，得到新的文明城市测评指标体系，如表 7-9 所示。

表 7-9　精简后的文明城市测评指标体系

项　目	指标名称
廉洁高效的政务环境（I-1）	干部学习教育（II-1）
	政务行为规范（II-2）
	勤政廉政的满意度（II-3）
公正公平的法治环境（I-2）	法治宣传教育与法律援助（II-4）
	基层民主政治（II-6）
健康向上的人文环境（I-4）	国民教育（II-13）
	文体活动与文体设施（II-14）
	文化管理（II-15）
	科学普及（II-16）

精简后的文明城市测评指标体系仅包含 3 个一级指标，与原指标体系相比得到了很大程度的精简。精简后一级指标廉洁高效的政务环境（I-1）包含 3 个二级指标，公正公平的法治环境（I-2）包含 2 个二级指标，健康向上的人文环境（I-4）包含 4 个二级指标。这样大大降低了文明城市指标数据收集的难度，同时减少了测评人员的工作量。

对由有效问卷得到的数据采用 DEMATEL 方法进行处理后，运用算术平均方法对由各问卷计算得出的原因度和中心度进行综合，将综合的结果作为二级指标的原因度和中心度，如表 7-10 所示。

表 7-10　精简后二级指标的原因度和中心度分析

指　　标	II-1	II-2	II-3	II-4	II-5	II-6	II-7
中心度	0.95	0.69	0.79	0.71	0.00	0.60	0.71
原因度	0.44	0.27	0.06	0.40	−0.14	0.03	−0.18
指　　标	II-10	II-11	II-12	II-13	II-14	II-15	II-16
中心度	0.65	0.34	0.46	0.87	0.23	0.32	0.37
原因度	−0.30	−0.54	−0.58	0.30	0.14	0.18	0.13

表 7-10 中的结果同样反映了二级指标中公民权益维护、社会安定有序、思想道德建设、市民文明行为和社会道德风尚为结果指标，而其他指标为原因指标。

思考题：

1．系统结构建模与仿真的目的是什么？

2．系统结构的逻辑关系分析方法有哪些？各自的特点是什么？

3．结合实例思考 DEMATEL 方法和 ISM 方法的实施步骤和需要注意的问题。

第8章 系统评价与决策

本章提要

　　本章主要介绍系统评价与决策的相关理论。通过本章的学习，读者应掌握系统评价与决策原理、评价指标体系的构建方法、评价指标的权重及系统决策步骤。

国家创新能力评价指标体系

创新型国家的建设以及可持续发展的实现已经成为全国人民共同奋斗的目标。科学技术部于 2013 年制定的《国家创新能力评价指标体系》主要用于评价世界主要国家的创新能力，揭示我国创新能力变化的特点和与其他国家的差距，评价对象选取了 40 个国家，其研究与发展（R&D）经费之和占全球的 98% 以上，GDP 合计占全球的 88% 以上；力图通过逐年评价与国际对比来监测我国建设创新型国家的进程，为实施国家创新发展战略提供支持信息。

评价指标在选取上主要有以下几点考虑：一是相对独立，综合反映国家在创新方面的优势和劣势、能力和绩效；二是相对指标为主，突出创新带来的竞争能力；三是总量指标为辅，兼顾大国小国的平衡；四是定量统计指标为主、定性调查指标为辅；五是具有国际可比性；六是具有可扩展性；七是数据可获得性和来源权威性。

国家创新能力评价指标体系由创新资源、知识创造、企业创新、创新绩效和创新环境 5 个一级指标和 33 个二级指标组成。一是创新资源，反映一个国家对创新活动的投入力度、创新人才资源的储备状况以及创新资源配置结构，包括 5 个二级指标：研究与发展经费投入强度、研究与发展人力投入强度、科技人力资源培养水平、信息化发展水平和研究与发展经费占世界比重。二是知识创造，反映一个国家的科研产出能力、知识传播能力和科技整体实力，包括 7 个二级指标：学术部门百万研究与发展经费的科学论文引证数、万名科学研究人员的科技论文数、百人互联网用户数、亿美元 GDP 发明专利申请数、万名研究人员的发明专利授权数、科技论文总量占世界比重和三方专利总量占世界比重。三是企业创新，主要用来反映企业创新活动的强度、效率和产业技术水平，包括 5 个二级指标：企业研究与发展经费与工业增加值的比例、万名企业研究人员拥有 PCT 专利数、综合技术自主率、企业主营业务收入中新产品所占比重和中高及高技术产业增加值占全部制造业的比重。四是创新绩效，反映一个国家开展创新活动所产生的效果和社会经济影响，包括 6 个二级指标：劳动生产率、单位能源消耗的经济产出、人口预期寿命、高技术产业出口占制造业出口的比重、知识密集型服务业增加值占 GDP 的比重和知识密集型产业占世界比重。五是创新环境，主要用来反映一国创新活动所依赖的外部硬件环境和软件环境好坏，包括 10 个二级指标（选自世界经济论坛《全球竞争力报告》中的调查指标）：知识产权保护力度、政府规章对企业负担影响、宏观经济环境、当地研究与培训专业服务状况、反垄断政策效果、员工收入与效率挂钩程度、企业创新项目获得风险资本支持的难易程度、产业集群发展状况、企业与大学研究与发展协作程度和政府采购对技术创新影响。其中，前 4 个一级指标包含的 23 个二级指标都是定量统计硬指标；第 5 个一级指标"创新环境"包含的 10 个二级指标都是定性评分软指标，全部采用《全球竞争力报告》中的调查数据。

8.1.1 系统评价的概念

统评价是指根据确定的目标,利用最优化的结果和各种资料,用技术经济的观点对比各种替代方案,考虑成本与效果之间的关系,权衡各方案的利弊,选出技术上先进、经济上合理、现实中可行的良好或满意的方案。系统评价是系统工程中一个极为重要的问题,是系统决策的基础。

系统评价的前提条件是熟悉方案和确定评价指标。前者是指确切掌握评价对象的优缺点,充分估计系统各个目标、功能要求的实现程度,以及方案实现的条件和可能性;后者是指确定系统的评价指标,并用指标反映系统要求,常用的指标包含政策指标、技术指标、经济指标、社会指标和进度指标等。

8.1.2 系统评价的分类

按照不同的分类标准,可以将系统评价划分为不同种类。下面分别按照评价内容和评价时间对其进行分类。

1. 按照评价内容对系统评价进行分类

按照评价内容大致可以将系统评价划分为经济评价、社会评价、技术评价、财务评价、可持续性评价和综合评价等。

(1)经济评价,是指评价各方案对宏观经济产生的影响,主要利用影子价格、影子工资、影子汇率和社会折现率等指标,测算方案实施以后给国民经济带来的净效益,从宏观经济角度评价方案的费用和效益。

(2)社会评价,是指从社会分配、社会福利、劳动就业、社会稳定等方面,评价方案实施以后带来的社会效益和产生的社会影响。

(3)技术评价,是指对方案在技术上的先进性、生产性、可靠性、可维护性、通用性、安全性等方面做出评价。

(4)财务评价,是指根据现行的财税制度和市场价格,测算方案的费用和效益,评价方案在财务上的获利能力、清偿能力和外汇效果,分析方案在财务上的可行性。

(5)可持续性评价,是指对方案与人口增长、资源利用和环境保护等方面的协调适应做出分析,使方案实施和社会经济发展战略协调一致。

(6)综合评价,是指在经济、社会、技术、财务、可持续性等局部评价的基础上,根据系统的总体目标,对方案的综合价值做出评价。

2. 按照评价时间对系统评价进行分类

按照评价时间可以将系统评价分为事前评价、事中评价和事后评价。

（1）事前评价，是指方案的预评价，通常称为可行性研究。例如，在制订新产品开发方案时所进行的评价，目的是及早沟通设计、制造、供销等部门的意见，并从系统总体出发研讨与方案有关的各种重要问题。

（2）事中评价，是指在方案实施过程中评价环境的重大变化。例如，针对政策变化、市场变化、竞争条件变化或评价要素估计偏差等，需要对方案做出评价，进行灵敏度分析，判断方案的满意度是否发生质的变化，以确定是继续实施方案还是修改方案，或者选择新的方案。

（3）事后评价，是指在方案实施以后，对照系统目标和决策主体要求，评价实施结果与预期效果是否相一致、方案设计是否合理、实施计划安排是否周全、风险分析是否与实际情况相吻合，为进一步开发新方案提供依据。

另外，根据系统评价和系统决策之间的关系，可以将系统评价分为决策前评价、决策中评价和决策后评价。根据评价系统中的信息特征，可以将系统评价分为基于数据的评价、基于模型的评价、基于专家知识的评价，以及基于数据、模型和专家知识的评价。

8.1.3 系统评价的重要性和复杂性

在系统的设计、开发和实施过程中，经常要进行系统决策，系统决策是指使用系统评价技术从众多的替代方案中选出最优的方案。然而，要确定哪种方案最优却并不容易。尤其对于复杂大系统来说，"最优"这个词的含义并不十分明确，而且评价是否"最优"的标准（尺度）也是随着时间推移而变化和发展的。由此可见，系统评价确实有其重要性和复杂性。

1. 系统评价的重要性

系统评价是系统分析中的一个重要环节，是系统决策的基础，没有正确的系统评价就不可能有正确的系统决策，系统评价会影响整个系统将来的损益。具体来说，系统评价的重要性体现在以下几方面。

（1）系统评价是系统决策的基础，是方案实施的前提。

（2）系统评价是决策者进行理性决策的依据。决策者以系统目标为依据，从多个角度对各方案进行理性评价，选出最优方案予以实施。

（3）系统评价是决策者和方案实施者之间相互沟通的关键。决策者为了使方案实施者信服并积极完成任务，可以通过系统评价活动促进方案实施者对方案的理解。

（4）系统评价有利于事先发现问题，并对问题加以解决。在系统评价过程中可进一步发现问题，以便进一步改进系统。

2. 系统评价的复杂性

系统评价很重要，同时也是一件很复杂的事情，其复杂性主要体现在以下几方面。

（1）系统的多目标性。当系统为单目标时，其评价工作是容易进行的。但是现实系统中的问题要复杂得多，系统目标往往不止一个，而且各方案往往各有所长。在某些指标上，方案甲比方案乙优越，而在另一些指标上，方案乙又比方案甲优越，这时就很难抉择。指标越多、方案越多，系统评价就越复杂。

（2）系统评价指标体系中不仅有定量指标，还有定性指标。定量指标通常比较标准，能容易地得出其优劣的顺序。对于定性指标，由于没有明确的数量表示，因此往往凭人的主观感觉和经验进行评价，如评价一辆汽车的方便性、舒适性等。传统的系统评价往往偏重于单一的定量指标，而忽视定性的、难以量化的但对系统至关重要的指标。

（3）人的价值观在系统评价中往往会起到重要作用。系统评价是由人来进行的，系统评价指标体系和方案是由人确定的，在许多情况下，评价对象对于某些指标的实现程度（指标值）也是人为确定的，因此人的价值观在系统评价中起很大作用。由于在大多数情况下各人有各人的观点、立场和标准，因此需要有一个共同的标准来把个人的价值观统一起来，这是系统评价工作的一项重要任务。

8.1.4　系统评价的原则

基于系统评价的重要性和复杂性，为了更好地进行系统评价，以下几个基本原则必须遵守。

1. 系统评价的客观性

系统评价的目的是系统决策，系统评价的好坏直接影响系统决策的正确与否。系统评价必须客观地反映实际，为此应注意以下几点。

（1）保证评价资料的全面性和可靠性。
（2）防止评价人员的倾向性。
（3）评价人员的组成要有代表性、全面性。
（4）保证评价人员能自由发表观点。
（5）保证专家在评价人员中占有一定比例。

2. 保证方案的可比性

替代方案在保证实现系统的基本功能上要有可比性。在进行系统评价时绝不能以点概面、"一白遮百丑"。个别功能的突出只能说明其相关方面性能优越，不能代替其他方面的性能。可比性是指对于某个标准，我们必须能够对方案做出比较，不能比较的方案当然谈不上评价，但实际上有很多问题是不能做出比较或不容易做出比较的，对这一点必须有所认识。

3. 评价指标构成系统

评价指标自身应为一个系统，具有系统的一切特征。另外，评价指标必须反映系统目标，因此它应包括系统目标所涉及的一切方面。由于系统目标是多元、多层次和多时序的，因此评价指标往往也具有多元、多层次和多时序的特点。但评价指标并不是杂乱无章的，而是一个有机的整体。在制定评价指标时必须注意它的系统性，即使对定性问题也应有恰当的评价指标或规范化的描述，以保证系统评价不出现片面性。

此外，评价指标必须与所在地区和国家的方针、政策、法令的要求相一致，不允许有相悖和疏漏之处。在实际应用中，关于系统评价的原则问题，视具体问题不同应有侧重之处。

8.1.5 系统评价的步骤

系统评价是一项复杂的系统工程，为了保证整个过程高效、有序地进行，往往要遵循以下步骤（见图 8-1）。

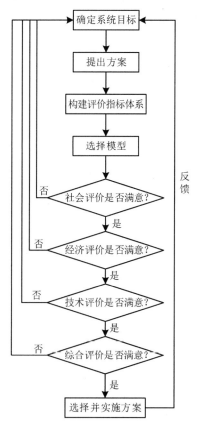

图 8-1 系统评价的步骤

1. 确定系统目标

确定系统目标是为了更好地做出系统决策，系统目标是系统评价的依据，对于系统评价过程至关重要。大致可从四方面确定系统目标：第一，使系统评价达到最优；第二，对系统决策的支持；第三，对决定行为的说明；第四，对问题的分析。通常系统目标按照构成层次可分为总体目标、分层目标和具体目标，这样就构成了目标层次体系。

2. 提出方案

根据系统目标，在分析各种信息的基础上提出方案并对各方案进行简要说明，使方案的优缺点清晰明了，便于评价人员掌握。

3. 构建评价指标体系

评价指标体系是根据系统目标的层次、结构、特点、类型来构建的，构建评价指标体系要注意全面和重点相结合、绝对量指标和相对量指标相结合、定量指标和定性指标相结合。具体应注意以下几点：第一，评价指标必须与系统目标密切相关；第二，评价指标应当构成一个完整的系统，即全面地反映所需评价对象的各方面；第三，评价指标总数应当尽可能少，以减轻评价负担；第四，在确定评价指标时，要注意指标数据的可获得性。

4. 选择模型

模型是进行系统评价的工具，其本身是多属性、多目标的。不同问题使用的模型可能不同，同一个问题也可以使用不同的模型，因此对选用什么样的模型本身也必须做出评价。一般应选用能更好地实现系统目标的模型或其他适合的模型。

8.2 评价指标体系的构建

8.2.1 评价指标体系的构建概述

评价指标体系的构建是一项复杂的工作，不同的系统有不同的评价指标，同一系统在不同环境下的评价指标也有所不同。一般从经济、社会、技术、资源、政策、时间等方面来构建评价指标体系。

（1）经济指标：包括方案成本、产值、利润、投资额、税金、流动资金占用额、投资回收期、建设周期、地方性的间接收益等。

（2）社会指标：包括社会福利、社会节约、综合发展、就业机会、社会安定、生态环境、污染治理等。

（3）技术指标：包括产品的性能、寿命、可靠性、安全性、工艺水平、设备水平、技术引进等，以及工程的地质条件、设施、设备、建筑物、运输条件等。

（4）资源指标：包括项目所涉及的物资、水源、能源、信息、土地、森林等。

（5）政策指标：包括政府的方针、政策、法令、法律约束、发展规划等。这类指标对国防和关系国计民生方面的重大项目或大型系统尤为重要。

（6）时间指标：包括工程进度、时间节点、周期等。

（7）其他指标：主要是指针对具体项目的某些指标。

8.2.2　构建评价指标体系遵循的原则

评价指标作为一种标准用来考核各备选方案，并且要将考核的结果作为系统优选和系统决策的依据，因此构建评价指标体系应遵循一些普遍性的基本原则。

（1）整体性原则：评价指标体系是从总体上反映各方案的效果的，所以要构建层次清楚、结构合理、相互关联、协调一致的评价指标体系，以保证评价的全面性和可信度。

（2）科学性原则：以科学理论为指导，按照统一标准对评价指标进行层次和类别划分，使得整体评价指标体系能将定性指标和定量指标相结合，正确反映系统整体和内部各要素之间的相互联系。

（3）可比性原则：构建评价指标体系是为了进行系统评价，所以在构建评价指标体系时要考察各个评价指标之间的可比性。

（4）实用性原则：构建评价指标体系是为了进行系统评价，所以评价指标的含义必须明确，还要考虑数据资料的可获得性，另外评价指标设计必须符合国家和地方的方针、政策、法令、口径，计算要与通用的会计、统计、业务核算协调一致。

8.2.3　构建评价指标体系的方法

用于构建评价指标体系的方法有很多，本节着重介绍目标分析法、输出分析法和德尔菲法。

1. 目标分析法

目标分析法首先要确定系统目标，其次要从系统目标入手，通过对系统目标进行分解来构建评价指标体系，其具体步骤如下。

（1）确定系统目标。

（2）对系统目标不断进行分解，直到认为各子目标都能够用定量指标或定性指标衡量为止。

（3）根据由分解得到的目标体系，构建评价指标体系。

例如，某企业由于生产规模的扩大，考虑新建一个厂部，用于生产加工。厂址选择是一个多目标决策问题。这些目标包括技术、经济、环境、与国家政策的一致性等几方面。这些目标很难直接由一个或几个评价指标来衡量，所以应进一步将其分解成更加具体的子目标，直到可用一个或几个评价指标来衡量这些子目标为止，如图 8-2 所示。

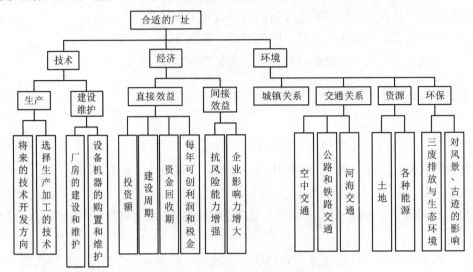

图 8-2　新厂址选择目标体系结构图

2. 输出分析法

输出分析法适用于在对系统的内容、结构不了解或不需要有更多了解的情况下构建评价指标体系。它主要根据系统的输出特性，从经济、技术、社会、生态环境、风险等方面来构建评价指标体系。例如，用输出分析法构建一个企业信息系统的评价指标体系，经济方面可以用利润、成本、资本流动率等指标衡量；技术方面可以用集成实现能力等指标衡量；社会方面可以用企业形象等指标衡量；生态环境方面可以用环境污染等指标衡量。将这些指标综合起来就能反映出企业的总体状况。

3. 德尔菲法

德尔菲法是通过反复征求专家意见构建评价指标体系的一种方法。这种方法有广泛的代表性，而且简单易行，其具体步骤如下。

（1）组成专家小组。

（2）向所有专家提出问题及有关要求，并附上有关问题的所有背景材料。

（3）各位专家根据他们所收到的材料，提出自己的意见。

（4）将所有专家第一次的判断意见收集起来、汇总，做成图表，分发给各位专家，让专家比较自己同他人的意见，修改自己的意见和判断。

（5）将所有专家的修改意见收集起来、汇总，再次分发给各位专家，以便进行第二次修改。

（6）对专家的意见进行综合处理。

8.3 评价指标的权重

在整个评价指标体系中，确定各评价指标的权重，就是要确定各评价对象在总体评价中的重要程度，并且要对这种重要程度做出量化描述。我们把各评价指标在实现系统目标和功能上的重要程度定义为权重。权重是否合理，往往直接关系到系统评价的质量，进而影响最终的系统决策。评价指标权重的确定需要遵循以下规则。

（1）权重的取值范围应尽量方便综合评价值的计算。权重值一般取 1、10、100 或 1000 等。当评价指标数值接近时，权重的取值范围应适当大些，以拉开各方案之间的差距，另外还要和评价指标数值配合，二者不能相差太大，否则会削弱评价指标的重要性。

（2）权重分配应反复听取各种意见并要灵活处理，避免为了取得一致的意见而轻率地做出决定。为此可采用德尔菲法广泛征求意见，使权重分配尽量合理。

（3）权重分配应采取从粗到细的给值方式。先粗略地把权重分配给指标大类，然后将各大类指标权重细分给各个指标。保持大类指标权重的比例不变就从整体上保证了评价指标的协调和系统评价的合理。

以某企业选择设备为例，先粗略地把权重分配给指标大类，如表 8-1 所示。

表 8-1 设备权重分配

指标大类	权重 w_i
经济指标	350
技术指标	250
社会指标	150
维修指标	150
运行指标	100
合计	1000

然后将各大类指标权重细分给各个指标。例如，对表 8-1 中的技术指标的权重进行细分，如表 8-2 所示。

表 8-2 技术指标的权重细分

指标大类	指标	权重 w_i
技术指标	运行安全性	80
	乘客坐席数	50
	货物装载量	50
	最大航速	30
	全天候性	30
	飞行特性	10
合计		250

8.3.1 主观赋权法

主观赋权法也称为专家赋权法，即通过一定的方法综合各位专家对各指标的权重进行的赋值，或者由专家直接给出各指标的权重。主观赋权法主要有相对比较法、连环比率法、判断矩阵法、德尔菲法等。

1. 相对比较法

相对比较法是一种经验评分法。它先将所有指标列出来，组成一个 $N \times N$ 的方阵；然后对各指标进行两两比较并打分；最后对各指标的得分求和并进行规范化处理。需要注意的是，方阵对角线上的元素可以不填写，其不参与运算；打分时可采用 0-1 打分法；方阵中的元素可以按照下面的规则进行确定，并且要满足 $a_{ij} + a_{ji} = 1$。

$$a_{ij} = \begin{cases} 1, & \text{指标} \ i \ \text{比指标} \ j \ \text{重要} \\ 0.5, & \text{指标} \ i \ \text{和指标} \ j \ \text{同样重要} \\ 0, & \text{指标} \ i \ \text{没有指标} \ j \ \text{重要} \end{cases}$$

由方阵可以按照下式计算出指标 i 的权重：

$$w_i = \frac{\sum_{j=1}^{n} a_{ij}}{\sum_{i=1}^{n} \sum_{j=1}^{n} a_{ij}}, \quad i, j = 1, 2, \cdots, n$$

下面举例说明相对比较法的使用方法。为了改善某工地的生产安全条件，现在对拟订的方案构建评价指标体系，其中指标包括减少死亡人数、减少负伤人数、减少经济损失、改善环境、预期实施费用。使用相对比较法得到的结果如表 8-3 所示。

表 8-3　使用相对比较法得到的结果

指　标	f_1	f_2	f_3	f_4	f_5	得分合计	权　重 w_i
减少死亡人数 f_1		1	1	1	1	4	0.4
减少负伤人数 f_2	0		1	1	1	3	0.3
减少经济损失 f_3	0	0		1	0	1	0.1
改善环境 f_4	0	0	0		0	0	0.0
预期实施费用 f_5	0	0	1	1		2	0.2
合计						10	1.0

由此可见，使用相对比较法确定评价指标的权重比较简单，但在实际使用时需要注意以下几点。

（1）各指标间相对重要程度要有可比性。评价指标体系中任意两个指标均能通过主观判断来确定其重要性的差异。

（2）应满足指标比较的传递性。若 f_1 比 f_2 重要，f_2 比 f_3 重要，则 f_1 比 f_3 重要。由

于人的主观性，所以打分时可能不一定总是满足指标比较的传递性。为谨慎起见，可以请多位专家同时进行独立打分，求其平均值。

2．连环比率法

连环比率法以任意顺序排列指标，按此顺序从前到后比较相邻两指标的重要性，依次赋以比率值。令最后一个指标得分值为 1，从后到前按比率值依次求出各指标的修正分数，通过归一化处理得到各指标的权重。连环比率法的具体步骤如下。

（1）以任意顺序排列 n 个指标，不妨设为 $f_1, f_2, \cdots, f_n$。

（2）填写暂定分数 R_i 列。从指标的上方依次以邻近的下方指标为基准，在数量上进行重要性的判定。例如，$R_i = 3$ 表示 f_1 的重要程度是 f_{i+1} 的 3 倍；$R_i = 1$ 表示 f_1 和 f_{i+1} 同样重要；$R_i = 1/2$ 表示 f_1 只有 f_{i+1} 的一半重要。表 8-4 中反映减少死亡人数的重要性是减少负伤人数的 3 倍，而减少负伤人数的重要性是减少经济损失的 3 倍等。

表 8-4   用连环比率法计算权重的例子

指　　　标	暂定分数 R_i	修正分数 k_i	权　重　w_i
减少死亡人数 f_1	3	9.0	0.62
减少负伤人数 f_2	3	3.0	0.21
减少经济损失 f_3	2	1.0	0.07
改善环境 f_4	0.5	0.5	0.03
预期实施费用 f_5		1.0	0.07
合计		14.5	1.00

（3）填写修正分数 k_i 列。把最下行的预期实施费用指标的修正分数设为 1.0，按从下到上的顺序计算 k_i 的值，$k_i = r_i k_{i+1}$，$i = 1, 2, \cdots, n-1$。

（4）对所有修正分数求和并计算得分系数，即权重 w_i，$w_i = \dfrac{k_i}{\sum\limits_{i=1}^{n} k_i}$，$i = 1, 2, \cdots, n$。

表 8-4 所示为用连环比率法计算权重的例子。

和相对比较法一样，连环比率法也是一种主观赋权法。当指标的重要性可以在数量上做出判断时，连环比率法优于相对比较法。但由于赋权结果依赖于相邻两指标的比率值，因此比率值的主观判断误差会在逐步计算过程中进行误差传递。

3．判断矩阵法

从本质上讲，判断矩阵法是对相对比较法的一种改进方法，但由于它改变了相对重要性的赋值只取 0 和 1 两个值的过于简单化的做法，而采用了一种更精确的计分方法，并且可对人在判断时的一致性进行检验，因此近几年更为人们所广泛采用。判断矩阵法的具体步骤如下。

（1）将 M 个指标排成一个 $M×M$ 的方阵。

（2）通过对指标进行两两比较来确定矩阵中元素值的大小。极端重要、强烈重要、明显重要、稍微重要、同样重要分别赋予9、7、5、3、1，反之分别赋予1/9、1/7、1/5、1/3 和 1。

（3）将矩阵中的元素按行相加（或相乘）并进行规范化处理，由所求出的特征向量即可得到权重 w_i。

表 8-5 所示为使用判断矩阵法计算权重的例子。

表 8-5　使用判断矩阵法计算权重的例子

指　　标	f_1	f_2	f_3	f_4	f_5	得分合计	权　重 w_i
减少死亡人数 f_1	1	5	7	9	7	29.000	0.475
减少负伤人数 f_2	1/5	1	3	7	3	14.200	0.233
减少经济损失 f_3	1/7	1/3	5	5	3	9.333	0.153
改善环境 f_4	1/9	1/7	1/5	1	1/5	1.654	0.027
预期实施费用 f_5	1/7	1/3	1/3	5	1	6.810	0.112
合计						60.997	1.000

4．德尔菲法

德尔菲法又称为专家调查法，调查者首先将调查内容制成表格；其次根据调查内容选择专家作为调查对象，请他们发表意见并把打分填入调查表；最后进行汇总，求得各指标的权重 w_i。德尔菲法的具体步骤如下。

（1）调查者将调查内容制定成表格。

（2）调查者根据调查内容选择专家对调查表中的各指标进行打分，如表 8-6 所示。

表 8-6　专家 1 对各指标的打分结果

指　　标	f_1	f_2	f_3	f_4	合　　计	权　重 w_i
f_1		1	1	1	3	0.500
f_2	0		1	0	1	0.166
f_3	0	0		1	1	0.166
f_4	0	1	0		1	0.166
合计					6	1.000

（3）分析各专家对各指标重要程度的打分，用统计方法处理这些得分。把处理的结果再次寄给各专家供他们参考并提出意见，请他们重新打分，再次进行统计处理。经过多次循环，可使各专家的意见取得相对一致。

（4）对各专家的意见进行综合，对调查表进行统计处理，计算出综合各专家意见以后各指标的权重，如表 8-6 所示。

表 8-7 所示为综合各专家打分结果以后得到的指标的权重。

表 8-7 综合各专家打分结果以后得到的指标的权重

专 家	f_1	f_2	f_3	f_4	合 计
专家 1	0.500	0.166	0.166	0.166	1.000
专家 2	0.400	0.200	0.200	0.200	1.000
⋮	⋮	⋮	⋮	⋮	⋮
专家 k	0.450	0.150	0.200	0.200	1.000
⋮	⋮	⋮	⋮	⋮	⋮
专家 n	0.390	0.210	0.250	0.150	1.000
合计	1.740	0.726	0.816	0.716	
权重	0.435	0.182	0.204	0.179	

通过上述描述可知，使用德尔菲法进行权重计算的关键有两点。

（1）事先选好专家，并选定足够数量的专家，同时要求专家之间独立发表意见、不互相影响。

（2）调查表的设计，最好采用简单的打分比较法，让专家凭感觉和经验打分。

另外，德尔菲法建立在大多数专家意见的基础上，因此在不宜采用其他方法的情况下采用此方法是比较科学的。当然采用这种方法需要的时间比较长，工作量也比较大。

8.3.2 客观赋权法

与主观赋权法相对应的是客观赋权法。客观赋权法根据指标原始数据之间的关系，通过一定的数学方法来确定权重，其判断结果不依赖于人的主观判断，有较强的数学理论依据。

常用的客观赋权法通常包括主成分分析法、离差及均方差法、多目标规划法等。客观赋权法由于依赖于足够多的样本数据和实际的问题域，因此通用性和交互性差，计算方法也比较复杂。

此外，将主观赋权法和客观赋权法相结合，形成主客观赋权法，能很好地规避两类方法的缺点。主客观赋权法已经成为该研究领域的研究热点之一。

8.3.3 网络层次分析法

1. 概述

AHP（Analytic Hierarchy Process，层次分析法）是一种度量指标重要程度的一般理论方法。在层次结构中，它可以通过比较离散或连续的程度得到指标的相对重要程度。这种比较可以建立在绝对测度的基础之上，也可以建立在反映偏好、情感等的相对测度的基础之上。AHP 注重对一致性的判别，并且假设同层指标间具有相互独立性。目前，AHP已经在多属性决策分析、计划制订、资源分配和冲突分析等领域得到了广泛的应用。

事实上，许多复杂系统的评价问题不能构建成层次结构，因为它们的上层因素或下层因素间存在关联和依赖关系。在这种情况下，不仅指标影响方案的选择，方案自身的重要程度也影响指标的重要程度。此外，复杂系统评价问题的同层因素间也可能存在关联和依赖关系。为了解决这类复杂系统的评价问题，Saaty 提出了网络分析法（Analytic Network Process，ANP）。事实上，早在 20 世纪 80 年代，Saaty 就注意到复杂系统评价问题中下层因素对上层因素影响关系的存在性。为此，他在 AHP 的基础上提出了反馈 AHP，反馈 AHP 是 ANP 的前身。10 年以后，Saaty 系统地提出了 ANP 理论。

和 AHP 类似，ANP 首先对系统结构进行分析。但和 AHP 不同的是，AHP 将系统划分为递阶层次结构，而 ANP 将系统划分为两大部分，即控制层和网络层。控制层元素包含系统目标和评价准则，而网络层元素由所有受控制层支配的元素组成。控制层上层元素对下层元素有支配作用，而下层元素对上层元素没有影响。网络层元素间存在相互影响关系。图 8-3 所示为典型的 ANP 模型的结构图。

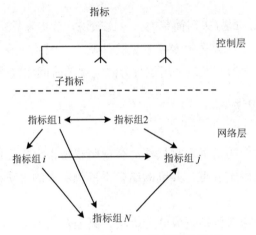

图 8-3　典型的 ANP 模型的结构图

需要注意的是，在图 8-3 中，每个指标组中又含有若干个指标。

2．元素重要程度判定

在 AHP 中，先通过对元素进行两两比较得到判断矩阵，然后依据判断矩阵得到各元素的重要程度。而在 ANP 中，由于网络层元素间存在相互影响关系，元素间的独立性被破坏，因此不能直接对元素进行两两比较。ANP 中元素的重要程度有以下两种。

（1）直接重要程度。在某一设定准则下，将两元素对该准则的重要程度进行比较。

（2）间接重要程度。在某一设定准则下，将两元素对该准则下第三个元素的影响程度进行比较。例如，比较 A、B 两人对上级营销能力的重要程度，可以通过比较他们对营销团队所取得的营销成果的影响程度来完成。

直接重要程度适用于元素间相互独立的情形，而间接重要程度适用于元素间存在相互影响的情形。

在 ANP 中，由于控制层元素间相互独立，因此控制层元素的重要程度可以通过直接重要程度判定得到；由于网络层元素间存在相互依存关系，因此网络层元素的重要程度可以通过间接重要程度判定得到。

3. 超矩阵的构建

假设某复杂系统 ANP 模型结构的控制层元素为 $p_1, p_2, \cdots, p_m$，网络层元素组为 $C_1, C_2, \cdots, C_N$，其中元素组 C_i 中含有元素 $c_{i1}, c_{i2}, \cdots, c_{in_i}$。网络层元素重要程度的判定需要采用间接判定方法。首先以控制层元素 p_s 为准则，以元素组 C_j 中的元素 c_{j1} 为次准则，将元素组 C_i 中的元素按对 c_{j1} 的影响程度大小进行间接重要程度比较，得到判断矩阵：

c_{j1}	$c_{i1}, c_{i2}, \cdots, c_{in_i}$	归一化特征向量
c_{i1}		w_{i1}^{j1}
c_{i2}		w_{i2}^{j1}
$\vdots$		$\vdots$
c_{in_i}		$w_{in_i}^{j1}$

依据判断矩阵，可由特征根法得到排序向量 $w_{i1}^{j1}, w_{i2}^{j1}, \cdots, w_{in_i}^{j1}$。

同理，可得到元素组 C_i 在以控制层元素 p_s 为准则和以元素组 C_j 中的其他元素为次准则下的判断矩阵，并得到对应的排序向量。将元素组 C_i 在以控制层元素 p_s 为准则和以元素组 C_j 中的所有元素为次准则下得到的排序向量用矩阵表示，得

$$W_{ij} = \begin{bmatrix} w_{i1}^{j1} & w_{i1}^{j2} & \cdots & w_{i1}^{jn_j} \\ w_{i2}^{j1} & w_{i2}^{j2} & \cdots & w_{i2}^{jn_j} \\ \vdots & \vdots & & \vdots \\ w_{in_i}^{j1} & w_{in_i}^{j2} & \cdots & w_{in_i}^{jn_j} \end{bmatrix}$$

该矩阵的第 k 列表示元素组 C_i 在以控制层元素 p_s 为准则和以元素组 C_j 中的元素 c_{jk} 为次准则下得到的排序向量。

同理，元素组 C_k 在以控制层元素 p_s 为准则和以元素组 C_j 中的所有元素为次准则下，可以得到排序向量构成的矩阵 W_{kj}。将控制层元素 p_s 下所有元素组的排序向量矩阵构建成超矩阵，得到超矩阵 W。

$$W = \begin{array}{c} \begin{array}{ccc} 1\cdots n_1 & 1\cdots n_2 & 1\cdots n_N \end{array} \\ \begin{array}{c} 1\cdots n_1 \\ 1\cdots n_2 \\ \vdots \\ 1\cdots n_N \end{array} \begin{bmatrix} W_{11} & W_{12} & \cdots & W_{1N} \\ W_{21} & W_{22} & \cdots & W_{2N} \\ \vdots & \vdots & & \vdots \\ W_{N1} & W_{N2} & \cdots & W_{NN} \end{bmatrix} \end{array}$$

由于控制层有 m 个元素，因此超矩阵有 m 个，并且所有的超矩阵均为非负矩阵，每个超矩阵的子矩阵的列均是归一化的，但整个超矩阵的列并不是归一化的。

4. 加权超矩阵的构建

以控制层元素 p_s 为准则，以任一元素组 C_j（$j=1,2,\cdots,N$）为次准则，对各个元素组的重要程度进行比较，得到判断矩阵：

C_j	$C_1,C_2,\cdots,C_N$	归一化特征向量
C_1		a_{1j}
C_2		a_{2j}
$\vdots$		$\vdots$
C_N		a_{Nj}

由 a_{ij}（$i=1,2,\cdots,N$，$j=1,2,\cdots,N$）构成加权矩阵 A：

$$A = \begin{bmatrix} a_{11} & a_{12} & \cdots & a_{1N} \\ a_{21} & a_{22} & \cdots & a_{2N} \\ \vdots & \vdots & & \vdots \\ a_{N1} & a_{N2} & \cdots & a_{NN} \end{bmatrix}$$

利用加权矩阵 A 对超矩阵 W 中的元素进行加权，得

$$w'_{ij} = a_{ij}w_{ij}, \quad i=1,2,\cdots,N, \quad j=1,2,\cdots,N$$

由 w'_{ij} 构成的超矩阵 W' 为加权超矩阵。不难证明，加权超矩阵各列之和为 1。为简便起见，以下超矩阵均为加权超矩阵，并且仍然记为 W。

5. 极限加权超矩阵

由上面的步骤计算出加权超矩阵 W 中的元素表示元素间的一次优势度。要计算元素间的二次优势度，需要计算 W^2；要计算元素间的三次优势度，需要计算 W^3。以此类推，可计算极限加权超矩阵。极限加权超矩阵中的元素表示控制层元素 p_s 下网络层各元素间的极限优势度。

为了更方便地计算和使用极限加权超矩阵，下面不加证明地给出 3 条定理。

定理 1 设 A 为 n 阶非负矩阵，$\lambda_{\max}$ 为其模最大特征值，则有

$$\min_i \sum_{j=1}^n a_{ij} \leqslant \lambda_{\max} \leqslant \max_i \sum_{j=1}^n a_{ij}$$

定理 2 设非负列随机矩阵 A 的最大特征根 1 是单根，其他特征根的模均小于 1，则 A^∞ 存在，并且 A^∞ 的各列都相同，都是 A 在 1 这个特征根下的归一化特征向量。

定理 3 设 A 为非负不可约列随机矩阵，则 $A^\infty = \lim_{k \to \infty} A^k$ 存在的充分必要条件是 A 为素阵。

依据极限加权超矩阵，即可得到各准则的重要程度、各指标的重要程度及评价方案的排序。

例如，某评价系统中含有 1 个目标、3 个准则（p1,p2,p3）、6 个指标（c1,c2,$\cdots$,c6）、

3 种备选方案（A1,A2,A3）。经计算，该评价系统的极限加权超矩阵如表 8-8 所示。

表 8-8 该评价系统的极限加权超矩阵

	p1	p2	p3	c1	c2	c3	c4	c5	c6	A1	A2	A3
p1	0.086	0.086	0.086	0.086	0.086	0.086	0.086	0.086	0.086	0.086	0.086	0.086
p2	0.080	0.080	0.080	0.080	0.080	0.080	0.080	0.080	0.080	0.080	0.080	0.080
p3	0.084	0.084	0.084	0.084	0.084	0.084	0.084	0.084	0.084	0.084	0.084	0.084
c1	0.078	0.078	0.078	0.078	0.078	0.078	0.078	0.078	0.078	0.078	0.078	0.078
c2	0.098	0.098	0.098	0.098	0.098	0.098	0.098	0.098	0.098	0.098	0.098	0.098
c3	0.079	0.079	0.079	0.079	0.079	0.079	0.079	0.079	0.079	0.079	0.079	0.079
c4	0.087	0.087	0.087	0.087	0.087	0.087	0.087	0.087	0.087	0.087	0.087	0.087
c5	0.077	0.077	0.077	0.077	0.077	0.077	0.077	0.077	0.077	0.077	0.077	0.077
c6	0.080	0.080	0.080	0.080	0.080	0.080	0.080	0.080	0.080	0.080	0.080	0.080
A1	0.085	0.085	0.085	0.085	0.085	0.085	0.085	0.085	0.085	0.085	0.085	0.085
A2	0.088	0.088	0.088	0.088	0.088	0.088	0.088	0.088	0.088	0.088	0.088	0.088
A3	0.076	0.076	0.076	0.076	0.076	0.076	0.076	0.076	0.076	0.076	0.076	0.076

依据表 8-8 不难得出，该评价系统的准则中 p1 最重要，p2 最不重要；指标中 c2 最重要，c4 次之，c5 最不重要；备选方案中 A2 最优，A1 次之，A3 最差。

下面给出几种特殊评价系统的网络结构及其对应的超矩阵。

6．几种特殊评价系统的网络结构及其对应的超矩阵

（1）内部独立的递阶层次结构及其对应的超矩阵如图 8-4 所示。

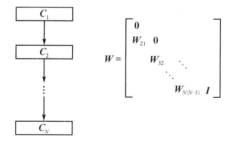

图 8-4 内部独立的递阶层次结构及其对应的超矩阵

（2）内部独立的反馈结构及其对应的超矩阵如图 8-5 所示。

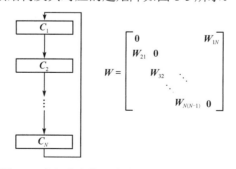

图 8-5 内部独立的反馈结构及其对应的超矩阵

（3）内部关联的递阶层次结构及其对应的超矩阵如图 8-6 所示。

（4）内部关联的反馈结构及其对应的超矩阵如图 8-7 所示。

$$W=\begin{bmatrix} W_{11} & & & & \\ W_{21} & W_{22} & & & \\ & W_{32} & \ddots & & \\ & & \ddots & W_{(N-1)(N-1)} & \\ & & & W_{N(N-1)} & W_{NN} \end{bmatrix}$$

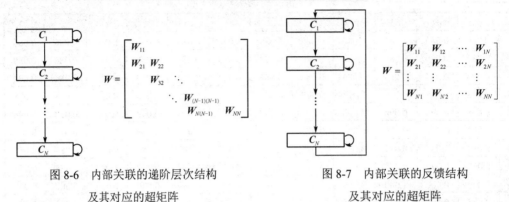

图 8-6　内部关联的递阶层次结构及其对应的超矩阵

$$W=\begin{bmatrix} W_{11} & W_{12} & \cdots & W_{1N} \\ W_{21} & W_{22} & \cdots & W_{2N} \\ \vdots & \vdots & & \vdots \\ W_{N1} & W_{N2} & \cdots & W_{NN} \end{bmatrix}$$

图 8-7　内部关联的反馈结构及其对应的超矩阵

8.4　决策分析

8.4.1　决策的定义和构成要素

1．决策的定义

决策是指在一定的环境下，结合系统的当前状态和将来的发展趋势，依据系统的发展目标在备选方案中选取最优方案并付诸实施的过程。整个决策过程可以简化为对目标的选择过程和对方案的选择过程，前者要求对目标的选择要明确、具体、恰当和可验证，后者以前者为依据。人们习惯上把只有一种方案可供选择、没有其他选择余地的选择称为“霍布森选择”。如果只有一种备选方案，决策就失去了意义。

前面所介绍的系统结构理论、系统控制和系统建模均可以为决策服务。在进行决策之前要分析系统结构、建立系统决策模型，在决策过程中要运用系统控制理论，保证系统按照预期的目标运行。

2．决策的构成要素

决策一般包含以下几个构成要素：主体、方案、目标和结果。

（1）主体：可能是个人或组织，一般由组织的领导者担任。其任务是对各方案进行评价并进行选择。

（2）方案：在进行决策时，至少有两种方案可供选择。方案的制订包含对系统属性的描述和目标的确定。

（3）目标：进行决策是为了达到系统目标，决策后的效果评价以决策目标为依据。

（4）结果：无论主体选择什么样的方案，最后都会产生决策的结果，通过对结果进行分析来评价决策的成败。

8.4.2 决策的原则和分类

1. 决策的原则

决策者在进行决策时通常要遵循以下四条原则。

（1）可行性原则：决策是指为了达到目标而选择实施的一系列行动方案，所以决策是达到目标的手段。为了达到预期的目标，决策中所提供的方案在技术和资源上必须是可行的。这样的方案才有价值和意义。

（2）经济性原则：决策就是为了获得最大利益，所以在对方案进行比较时必须有影响力很强的经济指标作为参考。

（3）信息性原则：信息的采集和利用贯穿整个决策过程，决策以前利用系统内外部信息辅助决策，决策过程中利用各种信息进行定性和定量分析，决策以后将结果作为信息提供给组织。

（4）系统性原则：整个决策过程是一个系统的过程，不仅要考虑决策对象，还要考虑其环境，只有将其作为一个系统来进行考虑才能保证决策的顺利开展和实施。

2. 决策的分类

按照不同的分类标准，可以将决策分为不同的类型。

按照决策对目标的影响程度，可以将决策分为战略决策、战术决策和作业决策三个等级。战略决策是对组织进行的长远发展规划和战略方面的决策，这类决策对组织未来的发展影响最大，如新产品开发方向的选择；战术决策是战略决策的阶段性决策，为战略决策服务，如企业中工艺方案的选择；作业决策是对具体行动方案的选择，如日常的生产线决策、作业调度。

按照决策的结构化程度，可以将决策分为结构化决策、半结构化决策和非结构化决策。结构化决策是例行常规、可重复进行的决策，有规律可循，可预先做出有序的安排以达到预期的目标，可按程序化步骤和常规性的方法处理，如最优库存模型的确定；非结构化决策是偶发的、非常规的，或者决策过程过于复杂以至于毫无规律可循的决策，这类决策一般无法照章行事，如国家政策的颁布；半结构化决策介于结构化决策和非结构化决策之间，如房价的确定。

按照决策进行的过程，可以将决策分为经验决策和科学决策。经验决策是指决策者根据历史经验、自身知识对系统进行主观判断；科学决策不同于经验决策，它是建立在对系统进行科学分析的基础上，运用科学的思维、采用科学的技术做出有科学依据的决策的过程。

按照决策的可控程度，可以将决策分为确定型决策、风险型决策和非确定型决策。确定型决策是指决策环境是已知的、确定的，决策过程的结果完全由决策者所采取的行动决定，确定型决策问题可采用最优化、动态规划等方法解决。风险型决策的决策环境不确定，决策者的各备选方案在不同自然状态下的结果不同。按照人们对自然状态信息的掌握程度，可以将风险型决策进一步分为无概率风险型决策、无试验风险型决策和有试验风险型决策。无概率风险型决策是指不知道自然状态的任何信息，只能凭着决策者对风险的态度进行方案选择；无试验风险型决策和有试验风险型决策，决策者均知道各种自然状态发生的概率，二者的区别在于前者的概率信息是根据历史数据等资料得到的，并没有通过试验进行修正，而后者的概率是通过试验修正过的，所以更接近现实的概率分布。

此外，按照决策的连续性，可以将决策分为单项决策和连续决策；按照决策人数，可以将决策分为个人决策和群体决策；按照决策要达到的目标个数，可以将决策分为单目标决策和多目标决策；等等。

8.4.3　决策的一般步骤

决策的一般步骤如下。

（1）发现需要解决的问题。

（2）问题确认。

（3）建立解决问题的议程。

（4）确定目标。

（5）搜索相关信息。

（6）分析影响问题的各种因素。

（7）拟定备选方案。

（8）建立系统决策模型。

（9）对各方案的结果进行预测，选择最优方案。

（10）评价和分析决策的结果。

8.4.4　决策模型和方法

1．决策模型

模型是为了研究方便，对所研究对象的结构和行为进行模仿与抽象而建立的对象仿制品。模型通常由对象的主要构成要素组成，反映这些要素之间及对象和环境之间的联系。模型可以帮助我们形象地了解系统结构、分析系统行为、预测系统状态。决策模型是对系统决策行为的抽象和类比，反映决策的输入、输出和运作机理，可辅助决策者进行系统决策。

建立系统决策模型的目的是辅助决策者进行系统决策，建立系统决策模型的步骤如下。

（1）分析系统的内部构成要素、外部环境、系统目标、制约因素。

（2）建立系统的概念模型：系统的概念模型是对决策问题的初步抽象和概括。

（3）建立决策的过程模型：建立决策所依据的过程模型，指导决策活动的进行。

（4）建立决策的数学模型：决策的数学模型用各种数学方程反映系统中各要素之间的关系。选用相应的决策方法求解该模型得到决策的最优方案。这个过程是任何科学决策都必不可少的。

2．决策模型和方法的选用

针对不同类型的决策，以及决策的不同时期，可以选用不同的决策模型和方法。

（1）主观决策模型和方法：主观决策模型和方法的实质是决策者根据主观经验进行决策，常用的方法有因素成对比较法、直接给出权重法、德尔菲法、头脑风暴法、名义小组法和 AHP 等。

德尔菲法：德尔菲法是指以匿名方式反复函询征求专家们的意见，对每一轮专家们的意见进行统计处理，经过多次反馈，使专家们分散的评估意见逐步收敛，最后集中在比较协调一致的评估结果上，从而得出可信度较高的结论。

头脑风暴法：头脑风暴法是指将对解决某个问题有兴趣的人集合在一起，让他们在完全不受约束的条件下敞开思路、畅所欲言。这种方法的原则：① 独立思考，思路开阔，不重复别人的意见；② 意见与建议越多越好，不受限制；③ 对别人的意见不做任何评价；④ 可以补充和完善已有的意见。

（2）定量决策模型和方法：对于确定型决策，其决策模型和方法主要有线性规划方法、盈亏平衡分析法、信息熵方法、神经网络方法、模糊建模法、灰色系统理论方法、最大方差法、主成分分析法等。其中，线性规划方法主要用于解决在资源一定的条件下完成更多的任务、取得最佳经济效益的问题，以及利用最少的资源来完成任务的问题。盈亏平衡分析法是研究方案的销量及生产成本与利润之间的函数关系的一种数量分析方法。盈亏平衡点的表示方法：① 盈亏平衡点产量 $Q_0 = \dfrac{F}{P-V}$；② 盈亏平衡点销售收入 $S_0 = PQ_0 = \dfrac{F}{1-VP}$。

$$\begin{cases} S = PQ \\ C = F + VQ \end{cases}$$

式中，S ——收入；

　　　P ——单价；

　　　Q ——产量；

　　　C ——成本；

　　　F ——固定成本；

　　　V ——变动成本。

对于有概率风险型决策，其决策模型和方法主要有期望值决策法、决策树法。

对于无概率风险型决策，由于无概率可依，因此不能使用概率统计方法，只能从乐观原则、悲观原则、等可能性原则和最小后悔值原则等中视情况择其一作为决策依据。乐观准则也称为大中取大法，是指找出每种方案在各种自然状态下的最大损益值，取其中最大者，所对应的方案为最优方案；悲观准则也称为小中取大法，是指找出每种方案在各种自然状态下的最小损益值，取其中最大者，所对应的方案为合理方案；最小后悔值原则是指计算各方案在各种自然状态下的后悔值并列出后悔值表，找出每种方案在各种自然状态下的最大后悔值，取其中最小者，所对应的方案为合理方案。

案例分析

企业创新投入成效评价

目前，企业创新投入的低效已经成为制约我国企业做大、做强的关键因素。提高企业创新投入成效的核心部分就是按照科学发展观的要求，面向企业创新投入成效提高构建相应的评价指标体系，以客观、准确地评估企业创新投入成效，增强企业的高效创新意识，引导企业的创新活动，使企业步入高速发展的轨道。

结合现有的企业创新投入成效的评价指标体系，试图构建较为完善的高科技行业企业创新投入成效的评价指标体系，提供利用上述评价指标体系对高科技行业企业创新投入成效进行综合评价的定量方法和数量化标准，结合部分企业进行评价的试点工作，以对企业的创新活动起到强力引导作用，对政府管理行为起到规范作用。

1. 企业创新投入成效评价概述

企业创新投入成效评价应包含两部分指标：一部分指标为企业创新投入指标，另一部分指标为企业创新成效指标。

1）企业创新投入指标

不同的企业有不同的经营目标，会开展不同的创新活动，也会根据自身实际情况对创新活动进行不同的投入，但投入的资源不外乎以下三类：① 设备。这里的设备主要是指参与创新的、先进的实验设备和检测仪器，设备是企业创新投入中一项重要的基础性投入。② 人力。人力是任何企业创新活动都必须进行的投入，特别是高学历和高素质的研究型人才。③ 资金。资金是创新活动必不可少的投入。购买先进设备、引进高素质的人才及购买某些专利技术等都需要足够的资金支持。

依据是否具有能动性，可以把企业创新投入分为财力投入和人力投入。财力投入包括设备、物资等可以用货币衡量的除人力资源之外的物质性投入。财力投入根据投入的阶段不同可以分为 R&D 投入和非 R&D 投入。其中，R&D 投入是整个企业创新过程的核心投入部分，决定着技术成效的产生。非 R&D 投入是指在将研发成果用于生产的过程中的投入，如新的生产工艺的运用、流程的改造升级等。R&D 投入只表明了企业对技术创新一个阶段的投入，并不代表企业所有的创新投入，很多企业的 R&D 投入只占创新总投入的一小部分，企业创新的实现更多依靠非 R&D 投入。

人力投入是企业进行创新活动的主体部分。整个创新活动有很多人参与其中，但对整个创新活动有着重要影响的人群主要是研发人员，可以说企业的自主创新与科研人员的数量和素质有着直接关系。虽然有些非研发人员也能设计出一些新型产品或进行技术改进，但这只是暂时性的，只有专业的研发人员才能进行持久、高效、科学的研发，并使企业的创新活动不断地进行下去。

2）企业创新成效指标

企业创新成效可以根据其表现形式的不同分为技术成效、经济成效和社会效益。

（1）技术成效。技术成效又可以分为直接技术成效和技术积累成效。其中，直接技术成效主要包括三方面：① 全新产品，是指应用新原理、新技术、新材料，并且具有新结构、新功能的产品，该产品在全世界首先开发，能开创全新的市场。② 重大产品改进，是指在原有产品的基础上进行改进，使产品在结构、功能、品质、花色、款式及包装上具有新的特点和新的突破，改进后的新产品结构更合理、功能更齐全、品质更优。③ 制定标准，主要是指企业主持或参与制定的国际、国家级、省部级行业标准。

技术积累成效为在创新过程中产生的不能直接转化为具有盈利能力的产品但对以后创新活动提供技术支持的成果。例如，专利、专有技术、科技论文或技术文档等。

（2）经济成效。企业创新成效最终会体现企业即期效益和竞争力，即期效益最终会体现为生产成本降低（利用创新使生产工艺改进、流程优化、资源利用率和生产效率提高，最终使产品总的生产成本降低），销售收入增加（企业的全新产品和改进的产品更能满足消费者的需求，在市场上更具竞争力，使产品占有较大市场份额，实现销售收入的增加），以及利润升高。

（3）社会效益。正如中国科学技术协会名誉主席周光召所言，创新所带来的不仅仅是经济效益，还有较为全面的社会效益。社会效益不仅涉及能源节约、环境保护、可持续发展实现、全民生活水平提高、就业机会增加及地区差距减少，还应符合社会的伦理和道德标准。社会效益不同于经济效益，它的体现通常需要一定的时间，而且大都很难用定量指标进行描述。

社会效益是企业创新技术成效的外溢，技术创新可以使单位产值的能耗量和排污量降低，资源利用水平提高，从而在能源节约和环境保护上收到外溢的成效。

上述企业创新投入指标和企业创新成效指标之间并不是完全独立的，投入成效作用机理如图 8-8 所示。

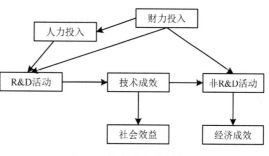

图 8-8　投入成效作用机理

2. 企业创新投入成效的评价指标体系

由于企业创新活动的复杂性及企业创新投入成效的多样性，为保证建立的评价指标体系能科学、完整地反映企业创新投入成效的实际情况，在建立评价指标体系时应遵循以下原则。

（1）系统性。系统性是指评价指标体系应该将企业创新投入产出过程视为一个整体，运用系统的理论和方法来分析企业创新过程的主要环节与主要结果，并以衡量这些环节与结果的有关因素作为评价企业创新投入成效的指标。

（2）科学性。科学性是确保评价结果准确的基础，评价活动是否科学依赖于指标是否科学。因此，在设计企业创新投入指标、企业创新成效指标时要考虑创新元素和评价指标体系整体结构的合理性，客观、真实地反映企业创新活动的目标。

（3）可操作性。在设计指标时，要注意其在现实中的可操作性，即要求与指标相关的资料易于获取，指标要求的数据便于进行较为准确的计算。

（4）完整性。设计的指标要能充分包含与企业创新投入成效有关的各个要素，力求评价结果能全面地反映企业创新活动的实际情况。在追求全面的同时还应抓住最能反映企业创新投入成效的主要因素，使评价指标体系是一个完整而精练的体系。

在结合理论分析和前人研究成果的基础之上，根据国内企业的实际情况，遵照 4 个基本原则，确立了 2 个一级指标、4 个二级指标和 7 个三级指标，如表 8-9 所示。

表 8-9　企业创新投入成效的评价指标体系

一级指标	二级指标	三级指标
企业创新投入	财力投入	科技经费投入强度
	人力投入	科技人员比例
		科学家和工程师比例
企业创新成效	经济成效	新产品销售份额
		利润率
	技术成效	专利申请数
		新产品数

为了实现对企业创新成效的定量测度，下面分析各指标值的获取。

1）企业创新投入指标

创新是一个多阶段的过程，每个阶段都有各种不同的资源投入，包括人员、设备及各种物资，但考虑到可操作性、量化计算及对比的方便，本案例在评价时把各种物资性资源统一换算为资金，在企业创新投入指标中都用财力投入指标表示。因此，企业创新投入指标包括两部分，即财力投入指标和人力投入指标。

（1）财力投入指标。

科技经费投入强度=(科技活动内部支出/销售收入)×100%，科技活动内部支出是指对技术研发、产品开发及为科研活动提供服务的投入，包括科研人员的劳务费、科研业务费、科研管理费、购买相关科研设备和实验仪器的支出及科研基建支出。该指标用 X_1 表示。

（2）人力投入指标。

①科技人员比例=(科技人员数/企业员工总人数)×100%，它是一个相对指标，反映研发人员在企业员工中所占的比重，用来反映行业对科技创新活动的人力投入强度。该指标用 X_2 表示。

②科学家和工程师比例。科学家和工程师是指科技人员中具有高级、中级技术职称（职务）的人员，以及不具有高级、中级技术职称（职务）的大学本科及以上学历人员。该比例是指 R&D 人员中科学家与工程师所占比例，该指标用来反映科技活动人力投入的素质水平。

科学家和工程师比例=(科学家和工程师人数/科技人员数)×100%。该指标用 X_3 表示。

2）企业创新成效指标

（1）经济成效指标。

①新产品销售份额=(新产品销售收入/销售总收入)×100%，通过新产品销售收入在销售总收入中所占份额的多少来反映创新活动对企业收入的贡献情况。该指标用 Y_1 表示。

②利润率=(利润/销售收入)×100%，通过企业整体盈利情况来反映创新活动的成效。该指标用 Y_2 表示。

（2）技术成效指标。

① 专利申请数。由于专利授权数受行政效率等人为因素影响较大，专利申请数比专利授权数更适合用于评价企业创新的水平，所以该指标在数据上引用发明专利申请数。该指标用 Y_3 表示。

② 新产品数。新产品数包括全新产品的数量，以及对原有产品在结构、规格、标准、外观、材料等方面进行重大改进或在工装设备、生产工艺等方面进行创新改进的产品数量。该指标反映企业开发新产品的情况，用 Y_4 表示。

3. 高科技行业企业创新投入成效评价

1）数据选取

结合研发投入强度，参照经济合作与发展组织的划分方法，我国划分出和经济合作与发展组织类似的五大行业，并根据行业特征在五大行业基础上具体细分了 16 个小行业为高科技行业。

本案例的研究范围是中国高科技行业，根据经营业务的不同，可以把中国高科技行业分为 5 个大类，5 个大类可以进一步细分为 16 个小类。这 16 个小类为 DEA（Data Envelopment Analysis，数据包络分析）的决策单元，如表 8-10 所示。

表 8-10 决策单元与高科技行业名称

决 策 单 元	高科技行业名称
DMU$_1$	化学药品制造业

决 策 单 元	高科技行业名称
DMU$_2$	中成药制造业
DMU$_3$	生物、生化产品制造业
DMU$_4$	飞机制造及修理业
DMU$_5$	航天器制造业
DMU$_6$	通信设备制造业
DMU$_7$	雷达及配套设备制造业
DMU$_8$	广播电视设备制造业
DMU$_9$	电子器件制造业
DMU$_{10}$	电子元件制造业
DMU$_{11}$	家用视听设备制造业
DMU$_{12}$	计算机整机制造业
DMU$_{13}$	计算机外部设备制造业
DMU$_{14}$	办公设备制造业
DMU$_{15}$	医疗设备及器械制造业
DMU$_{16}$	仪器仪表制造业

本案例所需要的数据主要来源于中国统计年鉴（2010年）、中国科技统计年鉴（2010年）、中国科技部网站和国家统计局网站，对原始数据进行了收集处理。

2）数据计算与分析

本案例运用 DEAP 软件分别计算决策单元的总效率、规模效益等。

（1）总效率分析。运用 DEAP 软件计算决策单元的总效率，如表 8-11 所示。

表 8-11　中国高科技行业 2006 年总效率分析

决策单元	总效率	DEA 效率	决策单元	总效率	DEA 效率
DMU$_1$	1.000	有效	DMU$_9$	0.617	无效
DMU$_2$	0.971	无效	DMU$_{10}$	1.000	有效
DMU$_3$	1.000	有效	DMU$_{11}$	1.000	有效
DMU$_4$	1.000	有效	DMU$_{12}$	1.000	有效
DMU$_5$	1.000	有效	DMU$_{13}$	1.000	有效
DMU$_6$	1.000	有效	DMU$_{14}$	1.000	有效
DMU$_7$	1.000	有效	DMU$_{15}$	1.000	有效
DMU$_8$	0.511	无效	DMU$_{16}$	0.983	无效

通过表 8-11 得知，在 16 个高科技行业中，中成药制造业（DMU$_2$）、广播电视设备制造业（DMU$_8$）、电子器件制造业（DMU$_9$）和仪器仪表制造业（DMU$_{16}$）4 个行业没有达到相对规模有效，说明这几个行业的创新投入成效还不够高，特别是广播电视设备制造业（DMU$_8$）和电子器件制造业（DMU$_9$）两个行业还有相当大的提高空间，相对无效的行业占总行业的比例为 25%。其他 12 个行业都达到了相对规模有效。

（2）规模效益分析。根据不同决策单元可以确定该决策单元的规模效益。各个决策单元（行业）的规模效益分析如表 8-12 所示。

表 8-12　各个决策单元（行业）的规模效益分析

决策单元	k	规模效益	决策单元	k	规模效益
DMU_1	1	不变	DMU_9	0.9	递增
DMU_2	1.12	递减	DMU_{10}	1	不变
DMU_3	1	不变	DMU_{11}	1	不变
DMU_4	1	不变	DMU_{12}	1	不变
DMU_5	1	不变	DMU_{13}	1	不变
DMU_6	1	不变	DMU_{14}	1	不变
DMU_7	1	不变	DMU_{15}	1	不变
DMU_8	0.89	递增	DMU_{16}	1.12	递减

由表 8-12 可知，有 12 个行业的规模效益不变，意味着在这些行业中，目前创新投入的产出已经达到最大；有两个行业（DMU_8、DMU_9）的规模效益递增，对于这两个行业，可以适度加大投入，同时加强资源管理，以使创新投入成效继续提高；剩余两个行业（DMU_2、DMU_{16}）规模效益递减，在这两个行业中，加大投入不能使创新投入成效得到相应提高，要加强管理，提高各种资源的利用效率，才能使创新投入成效提高。

（3）差额变量分析。在前面总效率分析和规模效益分析的基础之上，对未同时达到相对规模有效和技术有效的 4 个行业进行差额变量分析。首先，对这 4 个行业进行松弛变量分析。

表 8-13 表明，4 个行业在投入上都存在冗余，中成药制造业（DMU_2）和电子器件制造业（DMU_9）两个行业在创新过程中对科学家与工程师方面的高级人才的利用还不够充分。电子器件制造业（DMU_9）和仪器仪表制造业（DMU_{16}）两个行业在资金上投入过度，使资金利用水平不够高，导致总效率较低。

表 8-13　松弛变量分析

决策单元	$s-(X_1)$	$s-(X_2)$	$s-(X_3)$	$s+(Y_1)$	$s+(Y_2)$	$s+(Y_3)$	$s+(Y_4)$
DMU_2	0.000	0.000	0.287	0.022	0.000	0.000	0.000
DMU_8	0.028	0.000	0.000	0.000	0.000	217.08	15.978
DMU_9	0.000	0.000	0.062	0.000	0.000	0.000	0.000
DMU_{16}	0.054	0.000	0.000	0.000	0.000	0.000	0.000

在产出方面，中成药制造业（DMU_2）在新产品销售份额（Y_1）上还有提高的空间；广播电视设备业（DMU_8）的创新成效在专利申请数（Y_3）和新产品数（Y_4）上还有提高的空间。

其次，利用"投影"理论分别对这 4 个行业进一步进行差额变量分析。

① 中成药制造业（DMU_2）的投入产出变量分析，如表 8-14 所示。

表 8-14　DMU_2 的投入产出变量分析

指　　标	原　　值	投　影　值	差　　额	调整幅度
X_1	4.400	4.274	−0.126	−2.86%

指 标	原 值	投 影 值	差 额	调整幅度
X_2	72.550	70.465	−2.085	−2.87%
X_3	2.190	1.840	−0.063	−2.88%
Y_1	10.780	10.802	0.022	0.20%
Y_2	9.000	9.000	0.000	0.00%
Y_3	1133.000	1133.000	0.000	0.00%
Y_4	1583.000	1583.000	0.000	0.00%

表 8-14 表明，DMU_2 在各项投入上均存在投入冗余，分别为 0.126、2.058、0.063，表明 DMU_2 在 2006 年中的各项投入都相对其产出存在过量的现象，导致其规模效益递减。但在新产品销售份额（Y_1）上还存在产出不足，导致该行业创新活动整体效率相对较低。

②广播电视设备业（DMU_8）的投入产出变量分析，如表 8-15 所示。

表 8-15　DMU_8 的投入产出变量分析

指 标	原 值	投 影 值	差 额	调整幅度
X_1	4.660	2.352	−2.280	−48.93%
X_2	63.090	32.225	−30.865	−48.92%
X_3	2.290	1.170	−1.120	−48.91%
Y_1	8.940	8.940	0.000	00.00%
Y_2	4.090	4.090	0.000	00.00%
Y_3	212.000	429.080	217.080	102.40%
Y_4	442.000	457.978	15.978	3.61%

表 8-15 表明，DMU_8 对创新的投入相对其成效存在严重过量的现象，各项投入的冗余分别占到 48.93%、48.92%、48.91%。产出的 4 个指标在专利申请数（Y_3）上相对于投入存在严重的不足，相对少了 102.40%。DMU_8 在各项投入上都相当大，而专利申请数却相对较少，导致其创新活动整体效率低。

③电子器件制造业（DMU_9）的投入产出变量分析，如表 8-16 所示。

表 8-16　DMU_9 的投入产出变量分析

指 标	原 值	投 影 值	差 额	调整幅度
X_1	5.320	5.280	−0.040	−0.75%
X_2	63.000	58.843	−4.160	−6.60%
X_3	2.110	2.110	0.000	0.00%
Y_1	12.680	12.680	0.000	0.00%
Y_2	3.090	5.050	1.960	63.43%
Y_3	1531.000	1531.000	0.000	0.00%
Y_4	2439.000	2631.000	192.000	7.87%

由表 8-16 可知，DMU_9 在人力投入上存在一定的冗余，分别为 0.040、4.160，但其在

利润上却严重的产出不足，占到原值的 63.43%。与此同时，新产品也有产出不足的现象，占原值的 7.87%。

④仪器仪表制造业（DMU_{16}）的投入产出变量分析，如表 8-17 所示。

表 8-17　DMU_{16} 的投入产出变量分析

指　标	原　值	投　影　值	差　额	调整幅度
X_1	4.770	4.637	-0.130	-2.79%
X_2	69.340	68.185	-1.160	-1.67%
X_3	1.560	1.534	-0.030	-1.67%
Y_1	10.500	10.500	0.000	0.00%
Y_2	8.020	8.020	0.000	0.00%
Y_3	976.000	976.000	0.000	0.00%
Y_4	2153.000	2153.000	0.000	0.00%

由表 8-17 可知，DMU_{16} 在创新投入的各方面都存在一定程度的冗余，冗余度分别为 2.79%、1.67%、1.67%。这说明 DMU_{16} 在 2006 年存在投入相对过剩现象，导致创新活动的整体效率降低。

（4）灵敏度分析。当决策单元的变动、不同投入与产出项的选择及其数值的变动皆有可能影响 DEA 效率时，为了使衡量更具有说服力，必须进行灵敏度分析。这时通过分别去掉 DEA 中的每个输入和输出指标来判断各项指标对于高科技行业企业创新成效的敏感程度。通过比较并去除各项指标后，重新计算总效率，我们就可以清楚地看到各项指标对总效率的影响程度，这样有助于我们有的放矢地采取相应的提高措施。表 8-18 所示为灵敏度分析比较表。科技人员比例（X_2）不够高，导致总效率较低。

表 8-18　灵敏度分析比较表

决策单元	原　值	去掉输入指标			去掉输出指标			
		X_1	X_2	X_3	Y_1	Y_2	Y_3	Y_4
DMU_1	1.000	1.000	0.636	1.000	1.000	0.541	0.901	0.920
DMU_2	0.971	0.971	0.849	0.950	0.971	0.403	0.912	0.912
DMU_3	1.000	1.000	0.980	1.000	1.000	0.158	1.000	1.000
DMU_4	1.000	1.000	0.256	1.000	0.755	0.862	1.000	1.000
DMU_5	1.000	1.000	0.162	1.000	1.000	0.209	1.000	1.000
DMU_6	1.000	1.000	1.000	1.000	1.000	1.000	1.000	1.000
DMU_7	1.000	1.000	0.339	0.470	0.673	0.742	1.000	1.000
DMU_8	0.511	0.510	0.356	0.514	0.462	0.211	0.565	0.511
DMU_9	0.617	0.617	0.489	0.608	0.597	0.481	0.521	0.512
DMU_{10}	1.000	1.000	1.000	1.000	1.000	1.000	0.670	0.670
DMU_{11}	1.000	1.000	1.000	1.000	0.956	1.000	1.000	1.000
DMU_{12}	1.000	0.609	1.000	1.000	0.483	1.000	1.000	1.000
DMU_{13}	1.000	1.000	1.000	0.994	1.000	1.000	1.000	1.000
DMU_{14}	1.000	1.000	1.000	1.000	1.000	1.000	1.000	1.000

决策单元	原 值	去掉输入指标			去掉输出指标			
		X_1	X_2	X_3	Y_1	Y_2	Y_3	Y_4
DMU$_{15}$	1.000	1.000	1.000	1.000	1.000	0.289	1.000	1.000
DMU$_{16}$	0.983	0.943	0.899	0.983	0.962	0.482	0.850	0.890

通过灵敏度分析，我们可以针对不同的实际情况，将有限的资源投入最有效率的地方。从表 8-18 中可以看出以下几个结果。

① 计算机整机制造业（DMU$_{12}$）对于科技经费投入强度（X_1）最为敏感，去掉这一项，总效率将从 1.000 降为 0.609。其次是仪器仪表制造业（DMU$_{16}$）和广播电视设备制造业（DMU$_8$），去掉它们，总效率将分别从 0.983、0.511 降到 0.943、0.510。因此，对于以上 3 个行业，特别是计算机整机制造业，欲保证创新活动具有较高的成效，必须使创新活动有足够的资金支持。

② 多数行业对科技人员比例（X_2）反应较为强烈，反应强度从大到小依次排列如表 8-19 所示。

表 8-19　科技人员比例灵敏度分析

高科技行业	效 率 原 值	变 化 后 值	变 化 幅 度
DMU$_5$	1.000	0.162	83.8%
DMU$_4$	1.000	0.256	74.4%
DMU$_7$	1.000	0.339	66.1%
DMU$_1$	1.000	0.636	36.4%
DMU$_8$	0.511	0.356	30.3%
DMU$_9$	0.617	0.489	20.7%
DMU$_2$	0.971	0.849	12.6%
DMU$_{16}$	0.983	0.899	8.5%
DMU$_3$	1.000	0.980	2%

由表 8-19 可知，航空航天类行业（DMU$_5$、DMU$_4$）和医药制造业（DMU$_1$、DMU$_2$、DMU$_3$）都对人力投入变化有不同程度的反应。其中，航空航天类行业的反应最为突出，表明科研人员在此类行业的创新活动中具有很强的作用。从总体上看，在我国高科技行业中，在创新成效上对人力投入具有灵敏度的比例高达 56.3%，说明科技人员对我国高科技行业整体具有较大的影响。

③ 对科学家和工程师比例（X_3）有较强灵敏度的是雷达及配套设备制造业（DMU$_7$），说明在此类行业中，科研人员的整体水平对创新成效有非常大的作用。值得注意的是，广播电视设备制造业（DMU$_8$）对科学家和工程师比例呈反向性反应，即去掉这一项，该行业的总效率反而变高，说明在广播电视设备制造业中存在对科学家和工程师过度依赖的情况。

3）相关结果和结论

通过以上分析可以看出，中国高科技行业企业创新投入成效在整体上具有较高的水平，但个别行业的企业创新投入成效相对较差，因此我们提出以下几点建议。

（1）推动建立有利于创新的市场环境。

① 要完善知识产权保护制度，提高知识产权管理水平，以及建立、健全知识产权评估和交易体系。对企业技术创新的成果进行必要的保护，并使其能通过一定的知识产权转移获得应有的报酬，这样有助于提高企业创新的积极性。

② 要发展创新型企业服务体系，如建立技术服务、咨询服务、信息服务网络。为企业的创新活动提供必要的外部支持，同时降低其技术创新过程中的成本。

③ 要完善有利于自主创新的投融资体制。首先，国家对科技创新的投入要侧重于战略性的高科技产业化项目、高科技行业企业创业期的引导资金，以及利用高科技促进传统产业技术升级和产品更新换代的补助资金等；其次，建立多渠道的高技术产业投融资体制，出台有助于推动创业投资基金发展的相关法律法规。创业板块市场能为高科技创业投资提供多种退出渠道。

④ 建立有吸引力的人才引进制度。我国虽是劳务大国，但高科技领域的某些类型的人才却比较缺乏。从上面的灵敏度分析中可以看到，科技人才对于大多数行业的企业创新成效具有相当大的影响。

（2）发挥财税政策的推动作用。

总体上，我国政府在税收政策上应逐步由生产领域前移到研究开发领域，由对产品生产的优惠政策转为对研究开发的优惠政策。由于我国高科技行业的整体实力尚不能与跨国公司相比，加上高科技行业的开发风险很大，因此高科技行业的基础研究领域、共性技术研究领域及产业基础设施领域仍然需要财政投入。

财政投入应当主要用于高科技行业基础研究和基础设施的建设，产业共用新技术的开发，具有我国特色并且在某种程度上有利于我国高科技行业、企业发展的技术标准体系的形成，战略性产业（尤其是与国家安全有关的产业）中的重大项目、高科技科研成果的推广与普及等。为打破跨国公司的垄断，政府对某些高科技领域的关键性产品与技术也可以直接予以支持。

思考题：

1. 思考系统评价的复杂性和重要性。

2. 确定评价指标的原则有哪些？

3. 思考如何针对具体的项目、企业管理问题开展系统评价。

参考文献

[1] ZHANG H，WU K，QIU Y，et al. Solar photovoltaic interventions have reduced rural poverty in China[J]. Nature communications，2020，11（1）：1-10.

[2] ZHOU D，DING H，WANG Q，et al. Literature review on renewable energy development and China's roadmap[J]. Frontiers of Engineering Management，2021，8（2）：212-222.

[3] ZHANG H M，LIANG S，WU K，et al. Using agrophotovoltaics to reduce carbon emissions and global rural poverty[J]. The Innovation，2022，3（6）：100311.

[4] 周德群. 系统工程概论[M]. 4版. 北京：科学出版社，2021.

[5] 汪应洛. 系统工程[M]. 5版. 北京：机械工业出版社，2016.

[6] 彼得·圣吉，等. 第五项修炼实践篇（上、下）[M]. 张兴，等译. 北京：中信出版社，2011.

[7] 谭跃进. 系统工程原理[M]. 北京：科学出版社，2010.

[8] 孙东川，朱桂龙. 系统工程基本教程[M]. 北京：科学出版社，2009.

[9] 陈宏民. 系统工程导论[M]. 北京：高等教育出版社，2006.

[10] 吴广谋，盛昭瀚. 系统与系统方法[M]. 南京：东南大学出版社，2000.

[11] 彼得·圣吉. 第五项修炼：学习型组织的艺术与实践[M]. 张成林，译. 北京：中信出版社，2009.

[12] MEADOWS D. 增长的极限[M]. 李涛，译. 北京：机械工业出版社，2006.

[13] 孙冰，齐中英. 主成分投影法在企业技术创新动力评价中的应用[J]. 系统工程理论方法应用，2006（3）：285-288.

[14] 朱祖平，朱彬. 基于 BP 神经网络的企业技术创新效果的模糊综合评价[J]. 系统工程理论与实践，2003（9）：16-21.

[15] 易晓文. 基于BP神经网络的民营企业技术创新能力的模糊综合评价[J]. 数量经济技术经济研究，2003（8）：105-108.

[16] 徐泽水. 三角模糊数互补判断矩阵排序方法研究[J]. 系统工程学报，2004（1）：85-88.

[17] 汪应洛. 系统工程理论、方法与应用[M]. 北京：高等教育出版社，1998.

[18] 王佩玲. 系统动力学：社会系统的计算机仿真方法[M]. 北京：冶金工业出版社，1994.

[19] 俞金康. 系统动态学原理及其应用[M]. 北京：国防工业出版社，1993.

[20] 王其藩. 高级系统动力学[M]. 北京：清华大学出版社，1995.